地震と噴火は必ず起こる

大変動列島に住むということ

巽好幸

新潮選書

プロローグ

今から79年前の1933年（昭和8年）3月3日午前2時31分、昭和三陸地震（マグニチュード8・4）が発生した。釜石市の東方約200キロ、日本海溝よりさらに沖合が震源であったため最大震度は5程度であったが、地震発生から30分〜1時間半後、最大遡上高（津波の到達高度）28・7メートルと言われる巨大津波が東北地方を襲った。

その2カ月後、科学者の寺田寅彦は「津浪と人間」と題する文章で、自然現象に対する「人間界の現象」を憂えた。その37年前（明治29年）にも三陸大津波が東北地方を襲っていたにもかかわらず、ほぼ同様の自然現象によって再び甚大な被害がでたからである。寅彦の言葉を抜き出してみよう。

科学の方則とは畢竟《ひっきょう》「自然の記憶の覚え書き」である。自然ほど伝統に忠実なものはないのである。

現在の地震学上から判断される限り、同じ事は未来においても何度となく繰返されるであろうということである。

しかし、少数の学者や自分のような苦労症の人間がいくら骨を折って警告を与えてみたところで、国民一般も政府の当局者も決して問題にはしない、というのが、一つの事実であり、これが人間界の自然法則であるように見える。

（災害に備える）唯一の方法は人間がもう少し過去の記録を忘れないように努力するより外はないであろう。

（括弧は引用者）

そして2011年3月11日午後2時46分。自然は、ただただ過去の習慣に忠実に振る舞い、その結果1万5854人（2012年3月11日現在）ものいのちが失われ、被災地ではコミュニティが破壊された。しかし今度はこれだけでは済まなかった。ヒロシマ、ナガサキを知る私たち日本人がフクシマに慄くこととなった。寅彦はこのような事態も案じていた。

二十世紀の文明という空虚な名をたのんで、安政の昔（1855年安政江戸地震）の経験を馬鹿にした東京は大正十二年の地震で焼払われたのである。

二千年の歴史によって代表された経験的基礎を無視して他所《よそ》から借り集めた風土に合わぬ材料で建てた仮小屋のような新しい哲学などはよくよく吟味しないと甚だ危ないものである。それにもかかわらず、うかうかとそういうものに頼って脚下の安全なものを棄てようとする、それと同じ心理が、正しく地震や津浪の災害を招致する、というよりはむしろ、地震や津浪から災害を製造する原動力になるのである。

（括弧は引用者）

私は「マグマ学者」である。もう少し広く言えば、寺田の専門の1つでもあった「地球科学」を生業としている。しかし、決して地震そのもの、ましてや原子力、防災の専門家ではない。もちろん、文学や哲学の素養もない。地球内部の物質が融けてできたマグマ。そのマグマが冷えて固まった「石」の呟きに耳を傾けて、地球の中の様子やその進化を少しでもきちんと知ろうとしているに過ぎない。しかしそんな私だからこそ、日本列島に暮らす人々に伝えておかねばならないことがある。それは、「日本列島は生来変動するもの」ということだ。寅彦流だと、変動こそが日本列島の「伝統」、ということだろうか。

一方で、こんなことはこれまでにも幾度となく先人が述べてきたことだし、「自然への畏敬」が日本文化の根底に流れるものであることも言わずもがなであろう。ただ私には、これまでマグマを通して日本列島や地球を眺めてきた経験から、なぜ日本列島が変動するのかということを少しは順序立てて説明することができる。さらに言うなら、これからも日本列島は忠実に変動を繰り返すこと、そしてこれまで人類が経験したこともないような破局的な現象が間近に迫っていることも相当によく知っている。

これほどまでに変動する日本列島、でも同時にこれほどまでに素敵な日本列島に生まれて暮らしている私たち。日本列島は変動するものであることを承知した上で、覚悟を持って生きていきたい。そんな思いがこの本を記すモティヴェーションとなった。

それでは、日本列島と地球の話を始めることにしよう。

目次

プロローグ　3

第一章　日本列島からの恩恵と試練　11

美味なる魚と酒　実は資源大国日本　温泉・地熱大国日本
火山大国日本　地震大国日本

第二章　日本列島の変動とプレートの沈み込み　61

プレート運動は回転運動　プレートの底と「モホ面」
プレート運動の原動力　プレートの沈み込み様式
なぜ地震と津波は起こるのか?　なぜ火山は噴火するのか?
なぜ日本列島はこの形をしているのか?

第三章　なぜ地球にはプレートテクトニクスがあるのか？　115
惑星地球の誕生と進化　地球内部の構造と温度
マントルは対流する　マントル対流とプレートテクトニクス
なぜ地球だけに海が存在するのか？
第四章　日本列島に暮らすということ　151
地震は予知できるのか？　火山の噴火は予知できるのか？
焦眉の急、日本列島を襲う巨大噴火　日本神話と列島の変動
新しい自然観の創出
エピローグ　193

地震と噴火は必ず起こる

大変動列島に住むということ

第一章　日本列島からの恩恵と試練

日本列島が変動する様を話すには、まず列島周辺のプレートについて説明する必要がある。固体地球の表層を覆い、その1枚1枚が硬い剛体として運動する十数枚の「岩盤」をプレート（plate＝板）と呼ぶ。日本列島の周辺には4枚のプレートが鬩《せめ》ぎあっている（図1－1）。

これらのうち太平洋プレートは、千島海溝と日本海溝で北米プレート、さらにはユーラシアプレートの下へ潜り込み、また南の方では伊豆・小笠原・マリアナ海溝からフィリピン海プレートの下へと沈み込んでいる。一方でフィリピン海プレートは、南海トラフと琉球海溝からユーラシアプレートの下へと入り込んでいる。図では、あるプレートが他のプレートの下へ沈み込む境界に天気図で使われる寒冷前線のマークを施してある。ここが海溝とかトラフとか呼ばれる場所である。海溝とトラフの呼び名は深さの違いによる。海溝は6000メートルより深い窪地であるそれより浅いものがトラフだ。

こんなにも狭い所に4つものプレートがひしめき合っている。そしてそれぞれのプレートが運動している。こんな状況ではプレート同士いろんな力を及ぼし合って、多様な変動が起こるのも

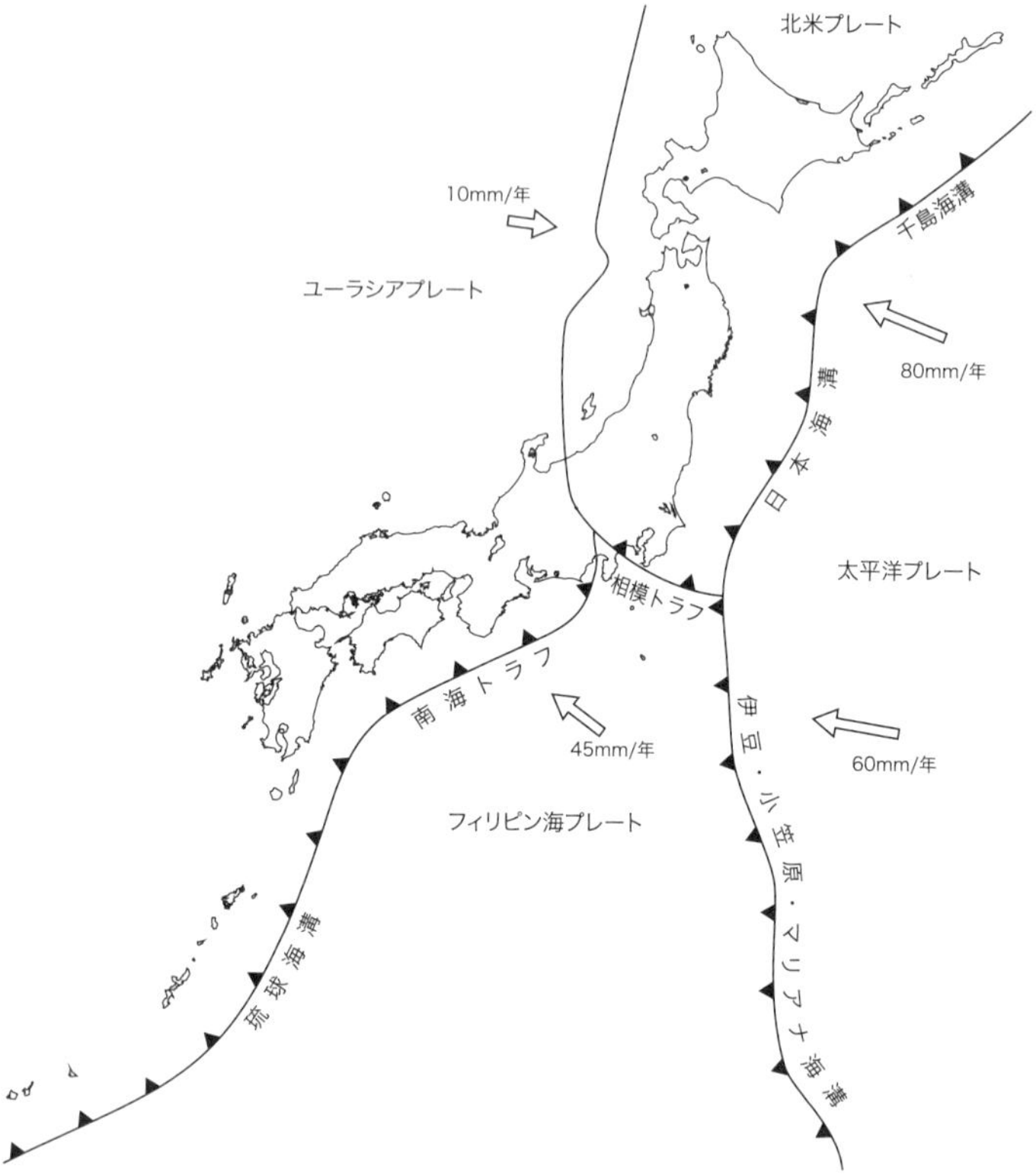

図1-1　日本列島周辺におけるプレートの配置と運動

道理である。しかしそう言って終わっていては仕方ない。日本列島で一体どのような変動が起こってきたかもう少し詳しく述べることにする。まずは、私たち日本人が変動する日本列島から受けてきた恵みのいくつかを眺めてみよう。

美味なる魚と酒

私は、食べることそして飲むことが好きである。若い頃はまさしく鯨飲馬食だったが、最近では少し大人しくなった。

私のような関西人がこよなく愛する魚、それが鯛である。もちろん刺身やあら煮も秀逸だが、とりわけ桜鯛の昆布〆と紅葉鯛のしゃぶが絶品だと思う。しかしどうも関東では良いものが手に入りにくい。関西では、鯛と言えば明石と相場は決まっている。他には、鳴門、箕島、豊後水道の鯛も飴色をしている。これらの鯛の名産地はいずれも、瀬戸内海と外海をつなぐ「瀬戸」とよばれる場所で潮の流れが速い。明石海峡では時には時速10キロメートルを超え、海がまるで川のように流れるそうである。また鳴門海峡の渦潮も、時速20キロメートル近い潮流が原因だ。このような強い潮流が、身の引き締まった美味い鯛を育む最大の理由だと言われている。

では、なぜこれほどまでに潮流が強くなるのか？　その原因は主に月の引力が引き起こす「海洋潮汐」と瀬戸内海の形状にある。瀬戸内海周辺の地形を簡略化して描いた図1－2をご覧いただこう。簡単に言うと、海洋潮汐は地球の中心といろいろの場所の海洋とで月から受ける引力に

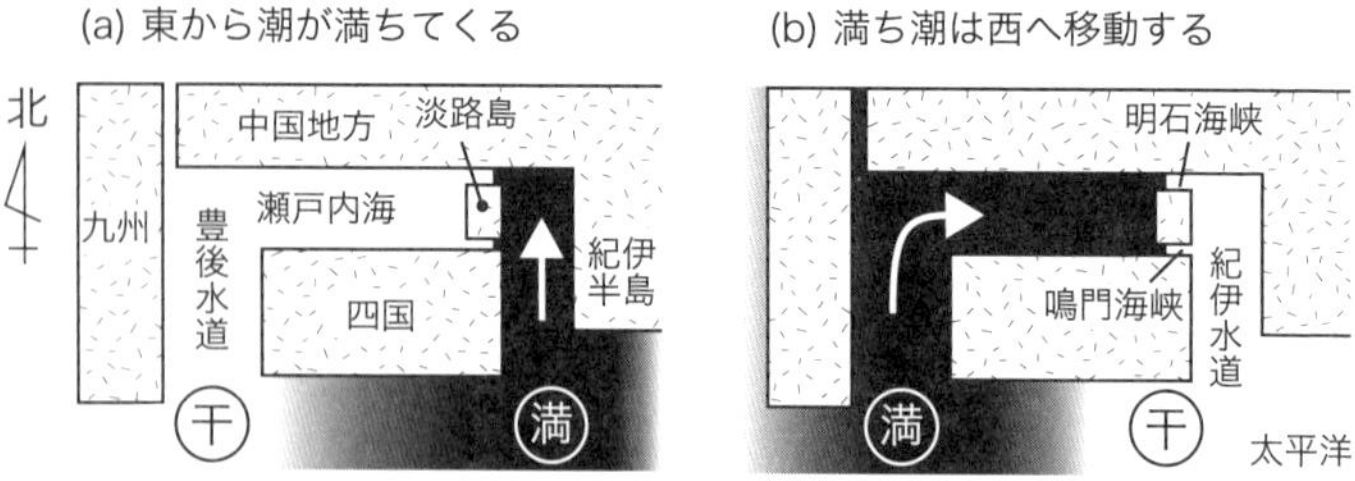

図1-2　瀬戸内海で潮流が強い理由。外洋（太平洋）では東から西へと満潮・干潮が起こる。瀬戸内海では淡路島がダムの働きをして、紀伊水道との間に潮位のずれが起きるために、明石海峡、鳴門海峡では潮流が強くなる。

差があることに起因する。月に近い側では海水が月に強く引き寄せられる。一方反対側では、固体地球に働く引力の方が海洋に比べて大きいために月に強く引き寄せられ、その結果相対的に海洋が盛り上がる。このようにして生じる海洋潮汐は、地球が自転するのに伴い東の方でまず満潮や干潮が起こり、これらの現象が西の方へと伝播してゆく。つまり、外洋域例えば紀伊半島の先端の串本が満潮の時には、四国南西端の足摺岬ではまだ潮は満ちていない（図1-2a）。ところが瀬戸内海では、このような外洋と同時に潮の干満が起こる訳ではない。なぜならば、この内海は東西に伸びた形をしておまけに東に淡路島があるために、明石海峡、鳴門海峡で、紀伊水道から流れ込む海水がせき止められるのである。

一方で、豊後水道は先の2つの海峡に比べると水の流れは良い。したがって紀伊水道が満潮の時にも瀬戸内海はまだ潮が低く、逆に、豊後水道から外洋の水が流れ込んで瀬戸内海が満潮になった時には、既に東の紀伊水道では潮が引いているのである（図1-2b）。この海面の高さの違いが、明石と鳴門の狭い海峡で強い潮流を生みだす原因となる。

この東西に伸びた形状を有する瀬戸内海の誕生には、フィリピン海プレートの運動が大きく関わっている。図1-1に示したように、このプレートは四国沖の南海トラフから北西方向へと沈み込んでいる。このために、西南日本には大きな圧縮力が働き、結果地殻が撓《たわ》んで四国山地と中国山地という高地と瀬戸内海という凹地を作り出したのである。また、大阪湾の西側に淡路島、東側に生駒山脈という高地ができた理由も、フィリピン海プレートにある。このプレートの運動方向が、西南日本の伸びの方向に対して直交でなく西にふれていることが原因で、やや波長の短い隆起が起こったと考えられる。つまり、明石鯛は、プレート運動による地殻変動が生み出した瀬戸内海で特徴的に発生する強い潮流の中で育つのである。

美味い鯛となる理由は豊富な餌にもある。タイの主食はエビやカニの仲間。これらの甲殻類は、餌となる良質のプランクトンがたくさん育つ海底近くに暮らしている。このような場所が淡路島の西から明石海峡にかけての比較的浅い海域に相当する。ではなぜこの海域がプランクトンの成育に適しているのであろうか？　その理由は2つ。まずは先にも述べた強い潮流が浅い海底を掻き回すことで、海底の堆積物の中にいつも豊富に酸素が行きわたることである。

もう1つの理由は、堆積物の粒度が比較的粗い、つまり泥ではなく砂が堆積していることで、海底堆積物の中が隙間の多い状態に保たれ酸素が回りやすいことである。瀬戸内海は、堆積物の供給源である山地から近いために、堆積物の中で粒子の細かい泥の割合が少なくなる。

さらに重要な点は、瀬戸内海の島々、それに主要な後背地である山陽地方には花崗岩が広く分布していることである（図1-3）。花崗岩とは白っぽく粒子の粗い岩石で、広く石材として用いられる。例えば大阪城の石垣は香川県小豆島の花崗岩、国会議事堂の外壁は広島県倉橋島の花崗岩が使われている。この花崗岩に含まれる主要な鉱物が石英。二酸化ケイ素の結晶で水晶の仲間である。この石英は硬度7と硬く、さらに風化や変質に強い性質を持っている。したがって、花崗岩が削られて溜った砂はある程度の粒度を保ちやすいのである。

さてこの花崗岩は現在の日本列島の表層の約1割もの面積を占めている(図1-3)。花崗岩は、マグマが地殻の内部でゆっくり固まってできる深成岩であるので、日本列島の地盤の中ではさらに大きな割合を占めていると考えてよい。まさに日本列島の背骨のようなものである。ところでこの花崗岩は、実はプレートが沈み込む場所で特徴的に作られる岩石なのである。

地球上ではマグマは至る所で万遍なく作られるのではなく、主に3種類の場所で作られている。1つはプレートが作られる海底火山山脈。2つめはハワイ島のようなプレートの真ん中にある火山。そして最後が日本列島のようなプレート沈み込み帯である。このような場所でなぜ集中的にマグマが作られるのかは後述するとして、ここではこれら3種類のマグマ地帯のうち、沈み込み帯だけで花崗岩が作られている点を覚えていただきたい。瀬戸内海周辺の花崗岩は、今からおよそ1億年前にできたものであり、もちろん現在沈み込んでいるフィリピン海プレートが原因ではない。しかし約1億年前にこの地域の下に先代のプレートが沈み込んでいたことは確実であり、花崗岩はまさに変動帯(沈み込み帯)の化石と呼ぶべきものである。そのおかげで、プランクトンが成育し、エビやカニが繁殖し、そして明石の鯛が育つのである。

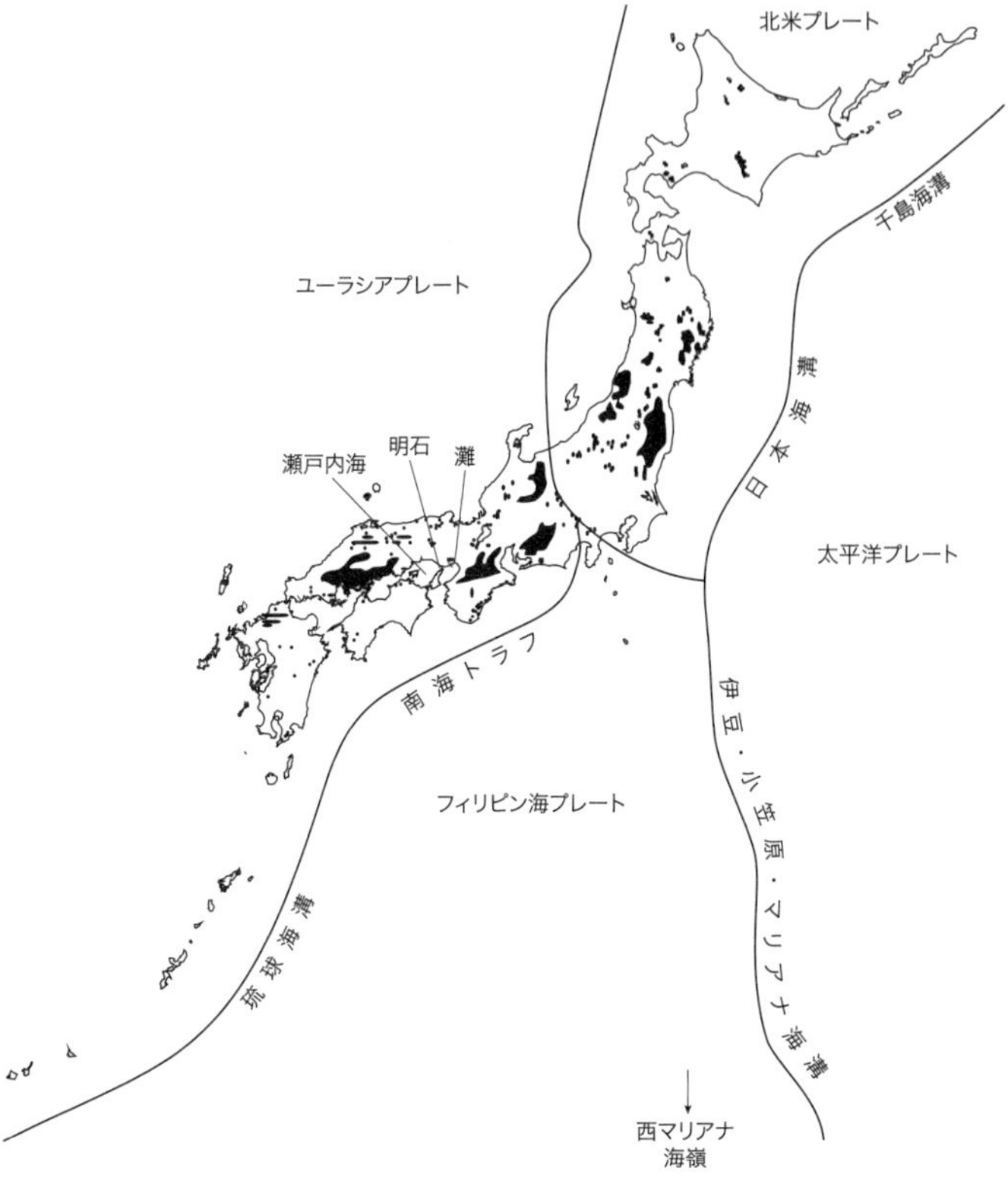

図1-3　日本列島における花崗岩の分布（黒塗り）。列島の背骨を成すように分布する花崗岩は、沈み込み帯のマグマ活動によって作られたものである。

さて次は川魚。美味い川魚と言えば、鮎。初夏の若鮎、それに、子うるかなどの塩辛も逸品である。アユは東アジア一帯に分布するが、その生育には清流が不可欠とされている。水質の低下や、川砂の減少などの河川環境の悪化で、その数は激減していると聞く。

私たち日本人は古来よりアユと深い繫がりを持ってきた。『日本書紀』では「阿喩」と記され、鮎釣りや「やな漁」の記述がある。その後も大名家や将軍家への献上品として好んで用いられたらしい。このようにアユが日本列島を代表する川魚であるのには、日本列島の地形が大きく影響している。先ほども述べたように、アユの生息する河川は清流でなければいけない。清流について明確な定義は存在しないが、ここで強調したいのは流れによって運ばれる土砂の粒径だ。粒径の小さな砂や泥の割合が多くなれば濁った水になりやすく、一方で河床に岩や砂利が多い河川では澄んだ水が流れる。

この運搬土砂の粒径を決める重要な要素が河床勾配、つまり川底の傾き具合である。図1-4に、日本と世界のいくつかの河川についてその河床勾配を示す。この図で明らかなように、日本の河川は一般に河床勾配が大きい。すなわち急流を成すのである。もちろんこのことは、河川の延長が短いこと、すなわち島国であることと関係している。しかし同じ島国でも、南イングランドのテムズ川は遥かに勾配が緩やかである。つまり、狭い島国であるにもかかわらず高低差が大きいことが急流の、そして清流の原因なのである。

では、なぜ日本列島ではこれほどの高低差が作られるのであろうか？　その原因も2つのプレートが沈み込んでいることにある。これらのプレートが日本列島を押し縮める結果としてある所

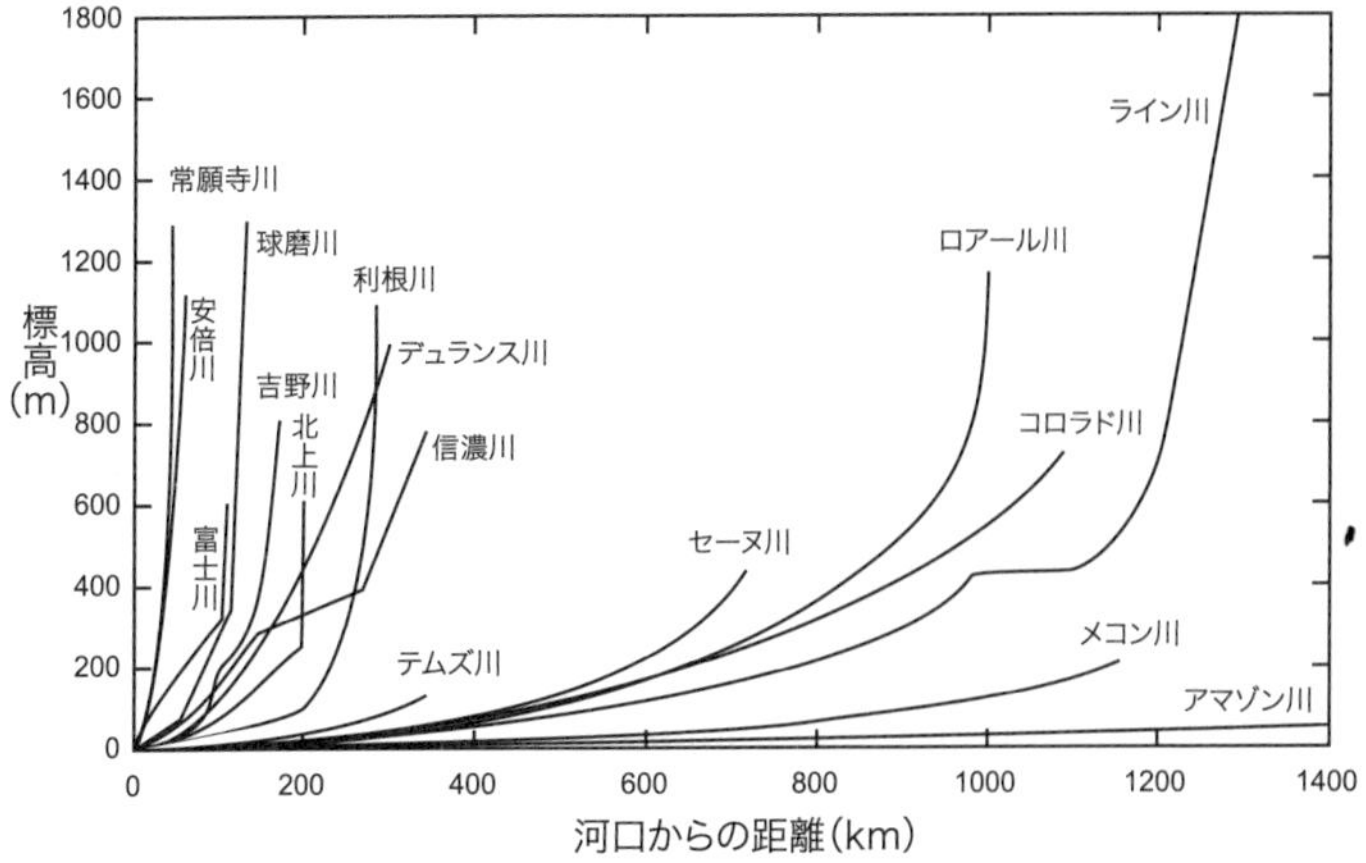

図1-4　日本列島と世界の河川の河床勾配。変動帯日本列島では、隆起が激しいので高低差が大きくなり、島国であるために河川も短い。その結果河床勾配が大きくなり、清流が多くなる。

の地盤は隆起する。また、先に述べたように比較的軽い花崗岩が地殻の内部で作られた結果地殻全体が分厚く、そして軽くなるために隆起するのである。これらの現象は包括的に、「造山運動」とよばれている。そう、沈み込み帯は山を作る場所でもあるのだ。こうして生まれた山から流れ出す河川は、当然急流となり、その澄んだ水がアユを育んできたのである。

　アユのように、川と海を行き来することを、「通し回遊」と呼ぶ、アユの場合は、多くの時間を河で過ごし、産卵も川で行うが、琵琶湖のコアユを除けば、稚魚の一時期は海で過ごす。このような回遊は、両側《りょうそく》回遊と呼ばれる。また、河で産卵するものの後主として海で生活するサケなどの回遊様式は遡《そ》河《か》回遊である。一方、普段の生活の場は河川であるが産卵は海で行う魚は降河回遊魚と言う。その代表格がウナギである。鰻も美味であり、日本人にとって大切な魚である。奈良時代の歌人である大伴家持も、夏やせには鰻（万葉集では、「むなぎ」）、と詠んでいる。「膝で鰻を折る」という諺がある。方法を誤ると目的を達することができないことのたとえだが、同じことをフランスでは「膝で腸詰を折る」と言うそうだ。食文化の違いは面白い。

私には、天然鰻と養殖鰻の味の違いを巧く言い当てることはできない。むしろ個体差と焼き具合の方が大きいような気がする。しかし、あのあまりに肉厚かつ幅広そして脂が多すぎる輸入物の養殖鰻はいただけない。なんでも、ニホンウナギではなくヨーロッパウナギを大量に養殖したものもあるらしい。わが国で消費される鰻の量は年間10万トンを超える。もちろん、サバやイワシにカツオ、それにマグロなどの3分の1から半分程度であるが、それでも相当の量である。このウナギは、「シラスウナギ」という稚魚を養殖したり、川を遡上したものを捕獲したものである。私も小さい頃、家の近くの大和川でシラスを網ですくった記憶がある。

シラスウナギは黒潮に乗って、南の海からやってくることはかねてから知られていた。そして、その途中でレプトケファルスと呼ばれる透明で柳の葉のような形をした仔魚からシラスウナギに「変態」する。ウナギのレプトケファルスにはなかなかお目にかかれないが、よく似た仲間のアナゴのそれは「のれそれ」と呼ばれる珍味である。三杯酢で食するとほのかな甘味がたまらない。

では、ニホンウナギのレプトケファルスは一体どこで誕生するのだろうか？　言い換えると、親ウナギは日本列島から一体どこまで泳いで行って産卵するのであろうか？

この長年の謎を、最近になって東京大学大気海洋研究所の塚本勝巳教授たちがついに解き明かした。それは、伊豆半島の約2000キロメートル南方、西マリアナ海嶺と呼ばれる所なのである(図1−3)。ニホンウナギは、この海域にあるスルガ海山などの古い海底火山で産卵しているらしい。このような海山は、今は活動していないが水深3000〜4000メートルの海底からそびえ立つ富士山クラスの海底火山である。塚本教授によると、このようにそびえ立つ海山は広い海の中でメスとオスが待ち合わせをするのに格好の目標になるらしい。また、陸上の火山と同じく亀裂や谷が発達しているので隠れ家にも事欠かない。

ところで、この西マリアナ海嶺は、太平洋プレートがフィリピン海プレートの下へ沈み込んで作られる「伊豆・小笠原・マリアナ弧」の一部である。但し、数百万年前に火山帯は東へ移動し、現在では活動的ではない。しかしいずれにしても、プレートの沈み込みによって大洋のまっただ中に海底火山が作られたことが、ウナギを育み続けたのである。

日本列島が私たちに与えてくれる食の恩恵を述べたのであるから、酒についても触れないと収まりがつかないというものである。鯛の刺身と凛としたソーヴィニヨン・ブラン。なかなか魅力的な組み合わせである。しかし昆布〆にはなんといっても日本酒が合うと思う。もちろん日本酒は、ここで触れてきた鮎や鰻とも相性がよい。

美味い日本酒はどのようにして生まれるのか？　これだけでも十分に一冊の本となるテーマであるが、今回は詳しく述べている暇はない。誠に口惜しいが簡単に言ってしまうと、良い米と良い水を使いきっちりと造ることである。良い米（酒造好適米）は、大粒で、アルコール発酵の元となるデンプンを含む心白（米粒の中央部の白色不透明な部分）の割合が高く、苦味・エグ味などの雑味成分の元となるタンパク質が少なく、そして高い吸水率と外側のさらさら度の両立（外硬内軟）などの条件を満たすものである。きちっとした酒造りとは、昔から言われる「一麴、二酛《もと》、三造り」を手抜きなく行うことを意味する。麴造りでは、蒸した白米に、そのデンプンをブドウ糖に糖化する米麴（黄麴＝アスペルギウス・オリゼー）をつける。次に酛立てと呼ばれるブドウ糖をアルコール発酵する酵母を増やして酒母をつくる作業を行う。この酒母にさらに麴と蒸米を加えて、緩やかな発酵を促す。これが、日本酒造り独特の「段仕込み」という方法で、こうして醪《もろみ》を造ることが、「造り」に相当する。

さてここで取り上げたいのは「水」の重要性である。他の酒もそうであるように水は日本酒の大部分（約80％）を占める。美味い日本酒には、日本酒に適した水が必要不可欠である。では、日本酒に適した水とは何か？　最も重要な条件は鉄の濃度が低いことが挙げられる。鉄は麴菌が作り出すある成分と結合して、赤褐色のフェリクシンという化合物を作る。この化合物が日本酒の味を劣化させてしまうのである。日本の水道法による水質基準では、鉄の含有量が1リットルあたり0・3ミリグラム以下と定められているが、酒造りでは0・05ミリグラム以下が必要だとされている。少なければ少ないほどよい。また、カリウムを多く含む水も酒造りによいとされている。この成分が酵母や麴の生育に欠かせないからである。

このような「良い水」の条件を満たすと古くから知られているのが、兵庫県西宮市に湧き出す「宮水《みやみず》」である。かの「灘の生一本」造りには宮水が欠かせない。この名水には1リットルあたり0・001ミリグラムしか鉄分は含まれていないと言う。宮水がなぜこのような性質を持っているのかはよく解っていないらしい。しかし、マグマ学者の私から見ればそれは必然のように思える。なぜならば、宮水となる伏流水は元はと言えば六甲山地を通り抜けてきた水であり、六甲山地は花崗岩で作られているからである。花崗岩は他の岩石に比べて鉄の含有量が少なくカリウムに富んでいる。ここでもう一度図1－3を見ていただきたい。日本列島には広く花崗岩が分布している。さらには、この花崗岩が風化した砂質の堆積物は日本列島を広く覆っている。巧い酒に欠かせぬよい水が、豊富にあるのも頷ける。そして忘れてはならないことは、これらの花崗岩は日本列島が変動してきたことの証であることだ。日本酒は、まさに変動帯である日本列島だからこそ誕生した酒ということができそうである。

実は資源大国日本

中学校の社会の時間に、「加工貿易」という言葉を習った記憶がある。日本やイギリスのように鉱物資源の乏しい国が原材料を輸入して、それらを加工した製品を輸出する貿易の形態である。確かにわが国における鉱物・エネルギー資源の自給率は著しく低い。その一方で、日本列島周辺には、優良な鉱石を生産してきた、または生産する可能性の高い鉱床や将来のエネルギー資源となるものがいくつか存在している。

石灰岩。白っぽくて軟らかく、塩酸などの酸をかけると二酸化炭素のアブクを出す岩石である。

山口県の秋吉台や福岡県の平尾台などでは「カルスト地形」を成し、日本全国に数多くある「鍾乳洞」を形作るのがこの石である。石灰岩はセメントの材料や骨材、それに鉄鋼の生産には欠かせない資源で、日本では年間約1億5000万トンも使われている。そして驚くなかれ、わが国は世界でも上位の石灰岩生産国でその自給率はほぼ100%なのである。しかもその埋蔵量は59億トンにも及ぶ。国内の石灰岩鉱山は約300。その中で最大のものは高知県の鳥形山鉱山であるが、その他大分県、福岡県、岡山県、山口県、東京都、埼玉県なども主要な産地である（図1－5）。石灰岩は主成分が炭酸カルシウムであり、例えばこの成分を多く含む温泉水からの沈殿物として生じるものもある。しかし鉱山となるような大規模な岩体は、そのほとんどが炭酸カルシウムの殻を持つサンゴや有孔虫、貝類などの生物に由来するものである。中でも大洋に浮かぶサンゴ礁起源の石灰岩には陸から供給される砂や泥がほとんど含まれず、高純度の資源として利用できる。日本列島の石灰岩はそのほとんどがこの良質のサンゴ礁起源のものである。

しかしここでちょっと思い出していただきたいことがある。現在の日本では沖縄周辺にしか立派なサンゴ礁は存在しない。ではなぜ南洋のサンゴ礁で誕生した石灰岩が日本列島にこれほどまでに多量に分布しているのであろうか？　その秘密は「付加体」にある。図1－6をご覧いただこう。海底を走る大山脈、海嶺。そこで生まれた海洋プレートは海溝から沈み込んで行く。この行程の途中で大洋の中で大きな火山島が作られることがある。現在のハワイ島がその代表格である。また後に詳しく説明することになるが、このような火山島は地球の深い所に固定された「ホットスポット」と呼ばれる熱源から、マグマが上昇してできたものである。そしてこの火山島が

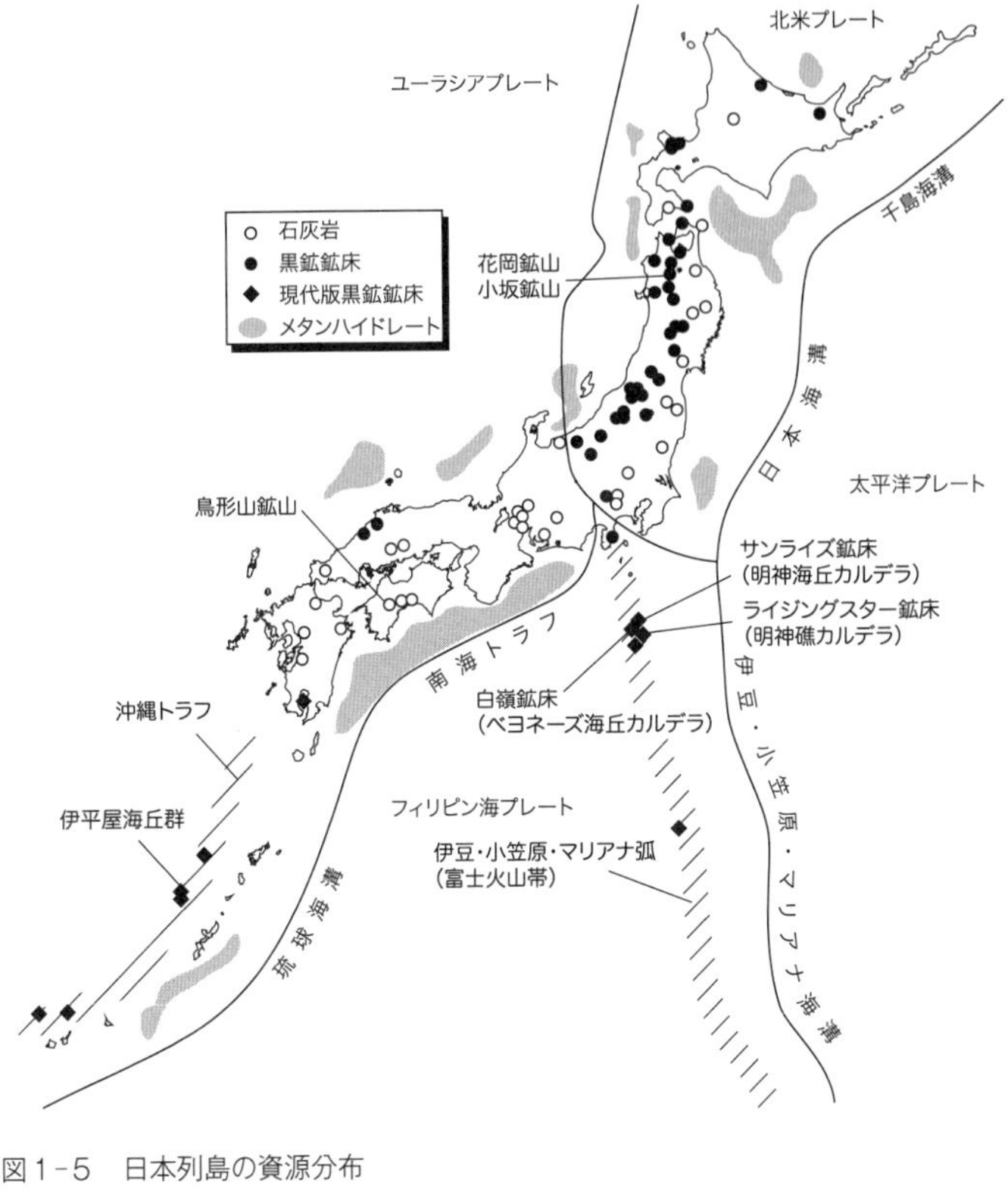

図1-5　日本列島の資源分布

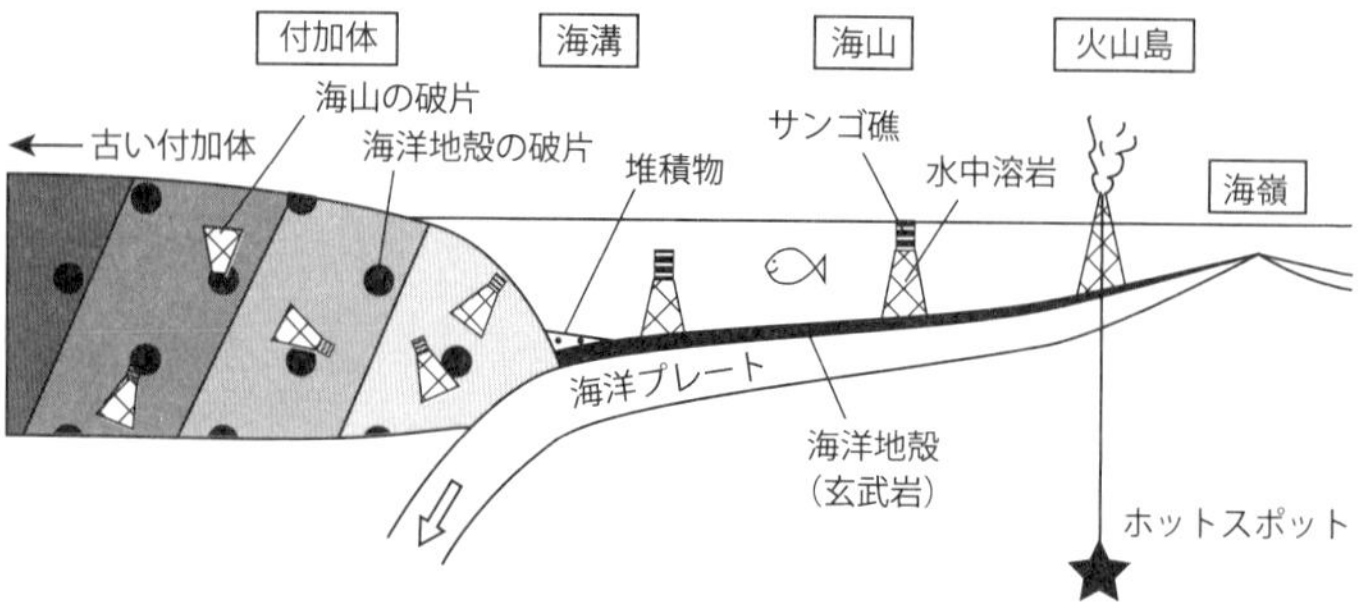

図1-6　付加体の形成。付加体とは、沈み込むプレートに乗っている物質（火山島の溶岩、サンゴ礁、海洋地殻、海洋堆積物）が掃き寄せられて陸地に付け加わる部分である。

プレートと共に移動して熱源から離れると、火山活動は停止する。ハワイ諸島では現在一番南東の端にあるハワイ島で火山活動が認められるが、マウイ島、オアフ島、カウアイ島と北西へ向かうと、だんだんと古い火山になっていく。そして火山活動が止まると島が沈降して、サンゴ礁が発達するようになる。実は、ハワイ諸島の北西方向には、海面には顔を出していないが、このようにしてできた古い火山の列が海底からそびえ立っている。「海山《かいざん》」と呼ばれるものだ。

さて、このようにサンゴ礁（石灰岩）を載せた海山はプレートによって海溝まで運ばれてくる。ここでプレートの大部分は、地球内部へ沈み込むのであるが、その表面にある海洋地殻や堆積物、それに、突起物のような海山などの「海洋物質」は巧く入り込むことができずに、一部は陸側に掃き寄せられるようにくっついてゆく。これが付加体である。このようにして海洋物質がくっつくことで付加体が成長し、沈み込まれる側の陸地はどんどんと太ってゆく。そして、この付加体の中には、巨大な海山が石灰岩と共にちりばめられているのである。実は日本列島の面積の2割程度はこの付加体からできている。先に述べたように、日本列島の背骨とも言えるのが花崗岩であるが、付加体はその周りを作る肉にたとえることができるであろう。日本列島の石灰岩地帯には、必ずと言っていいほど火山島を作っていた水中溶岩も一緒に分布している。まさに、「海山の化石」なのである。

日本列島の石灰岩には、サンゴなどの生物化石が多く含まれている。この化石を調べたり、石灰岩について後で述べるような「放射崩壊」を用いた年代測定を行うと、列島に分布するほとんどの石灰岩は約3億年も昔にできたものであることが判る。さらに石灰岩と対を成す水中溶岩の特性を調べてみると、これらの火山活動は、なんと、南太平洋のタヒチ島周辺（ポリネシア）に存在するホットスポットに起源があることが判ってきた。さらに石灰岩の周りの付加体を構成する堆積物に含まれる化石を調べると、これらの付加体が陸地にくっついたのは、おおよそ一億数千万年前である。つまり、3億年もの太古の昔にポリネシアで作られた海山が、延々と一万キロメートル近くもプレートに乗って運ばれて日本列島に掃き寄せられていたのだ。

日本で石灰岩を自給できる背景には、このような壮大な地球のドラマが隠されているのである。日本列島が変動帯として成長してきたからこそ、私たちは石灰岩という恩恵を享受していることになる。

今でこそ、金属資源のほとんどを輸入に頼るようになったわが国であるが、かつてはそうでない時代もあった。『東方見聞録』での黄金の国ジパングや、世界の3割の銀を産出していたとされる島根県の石見銀山の話は有名である、また、17世紀には日本は世界一の銅の産出国であり、かのアダム・スミスの『国富論』でもその世界経済における重要性が触れられている。このような華々しい日本の鉱山史の中でも、「黒鉱《くろこう》鉱床」の存在は特筆すべきものである。

黒鉱とは亜鉛、鉛、銅、さらには金や銀、それにレアメタルなどの多様な金属を高濃度で含む鉱石で、特徴的に黒い色を呈することがその名の由来である。この鉱石の有用性は海外でも広く知られKurokoと呼ばれている。明治時代の富国強兵や戦後日本の復興をささえた鉱床なのである。黒鉱鉱床としては秋田県の花岡鉱山や小坂鉱山がよく知られ、主に日本海側に多数の鉱山が開かれていた（図1－5）が、1994年に花岡鉱山が閉山し現在では操業中のものはない。

さてこのような黒鉱はいかにして形成されたのか？　それは、海底火山の活動、しかも、海底カルデラの内部に作られたものである。ここで言うカルデラとは、大規模なマグマの噴出によって生じた地下の空洞が崩れて生じた凹地を意味する。現在の日本列島では、阿蘇カルデラがその代表格と言えよう。一方今から約2000万年前、日本列島はアジア大陸から分離してその結果日本海が誕生した。このことは後に詳しく述べることにするが、この大分裂に伴って多数のカルデラが海底に誕生したのである。海底カルデラの中では、マグマの熱によって熱せられた海水が熱水となり盛んに火山体の中を循環した。そのことで、多量かつ高純度の鉱石が作り上げられたのである。

このような黒鉱鉱床の成因を明らかにした日本の鉱床学は、現代版黒鉱鉱床が存在する可能性の高い所を示唆する。キーワードは海底カルデラである。現在の日本列島で活発な海底火山活動が認められるのは、富士火山帯として知られる「伊豆・小笠原・マリアナ弧」と、南西諸島の西側に続く「沖縄トラフ」である（図1－5）。前者は太平洋プレートの沈み込みが作る火山帯であり、後者はフィリピン海プレートの沈み込みが原因でできた海底の裂け目にマグマが上昇してきている所である。この2つの火山域で、カルデラを持つ海底火山の探査が盛んに行われている。その結果、いくつかの有望な鉱床が発見されている（図1－5）。なかでも伊豆諸島の明神海丘、明神礁、ベヨネーズ海丘のカルデラには、1000万トン規模の黒鉱型鉱床が見いだされ、金、銀、銅、鉛、亜鉛などが高純度で含まれていることが確認されている。例えば、明神海丘にあるサンライズ鉱床では、1トンあたり20グラム程度もの金を含む鉱石があり、単純に計算すると200トンの金が眠っていることになるのである。さらに、沖縄トラフの伊平屋海丘でも、大規模な黒鉱が見いだされている。

もちろんこれらの有望な鉱床は、深海底に存在しているために明日から利用できるものではない。今後の戦略的な調査と技術開発によって実用化されることを強く期待する。そのような取り組みによって、変動帯から私たちが受ける恩恵を形あるものにすることができるのである。

もう1つ有望なエネルギー資源の話を紹介しよう。それは「メタンハイドレート」と呼ばれる、メタンと水が作るシャーベット状の物質である。火をつけると燃えるので「燃える氷」と呼ばれることもある。ただし、実際にはシャーベットや氷ではなくメタン分子が水分子に取り囲まれた「水和物《ハイドレート》」である。この物質が注目を集める理由は、その200倍近い体積のメタンガスを得ることができるからである。ご存知のように、メタンガスは都市ガスの主成分である。

さて、このメタンハイドレートには大きな特徴がある。それは、地表ではマイナス80℃以下の低温でしか存在することができず、それ以上の温度ではガス化することである。火をつけると燃えるのはこの性質による。しかし、周囲の圧力が高ければもっと高温まで固体として存在することができる。極端な場合を除けば、水深が1000メートル以上の海底では水温は10℃以下であり、このような水圧と低温が作り出す条件ではメタンハイドレートは安定である。つまり、メタンハイドレートは、海底に眠る資源なのだ。

これまでの海域調査によって、日本列島の周辺には大量のメタンハイドレートが分布することが確認されている（図1-5）。まだ全ての領域で詳細な調査が行われているわけではないが、ある見積もりによるとその総量は天然ガスに換算して6〜7兆立方メートル。単純計算すると、わが国の天然ガス使用量の100年分程度になるという。図1-5を見て判るように、日本列島周辺のメタンハイドレートは南海トラフを始めとする海溝に沿って大規模に分布している。そう、この資源はプレートの沈み込みと密接に関連して作られるのである。プレートが海底に溜まった堆積物などを掃き寄せて作る付加体、特に粒度の小さい泥質の部分では、その中に含まれる有機物を餌とするメタン生成菌が活発に活動する。この細菌がメタンを作り出し、それが水和するとメタンハイドレートとなるのである。この夢の資源は、まさに沈み込み帯日本列島からの恵みである。

ここで紹介したように、現在、そして将来有望ないくつかの資源は、日本列島が変動帯であるからこそ、作り出されてきたものなのである。

温泉・地熱大国日本

私はたった3年半だが大分県別府市民であった。この街は「地獄巡り」でも知られる日本一の湧出量（1日あたり10万キロリットル以上）を誇る温泉地である。その後、横浜に移り住んですぐに腰痛に悩まされるようになった。1日に2度は温もっていた温泉のありがたさをあらためて痛感したものである。

温泉が変動帯日本列島からの最大の恩恵の1つであることは、直感的に受け入れ易い。日本列島にはたくさんの火山があるからだ。これらの火山は後に述べるように、太平洋とフィリピン海の2つのプレートが沈み込むことで作られる。熱いマグマを噴き出す火山がたくさんあるのだから温泉が豊富に湧きだすのも頷けるというものだ。実際日本には約3100の温泉地があると言われている。世界と比較すると、密度という点ではわが国は断トツに世界一の温泉大国である。それに私たちにとって間違いなく温泉は文化である。

さて、ここで「温泉」をきっちりと定義しておこう。わが国の温泉法では、地下から湧出する温水・水の中で次の3つの条件のうちの1つを満たすものを温泉と認定している。

・泉源での温度が25℃以上のもの。

・ガス以外の溶存成分の総量が1キログラム中に1000ミリグラム以上であるもの。

・指定した成分（二酸化炭素、硫黄、重曹、ラドンなど）が規定量以上含まれているもの。

これらの条件の中で温度については特に留意する必要がある。たとえ熱くなくても、水以外の成分が含まれていることで、つまり体に良さそうなものは立派な温泉なのである。ただし、海水には塩分を始めいろいろな成分が含まれるがこれは温泉ではない。地下から湧出していないからである。一方で昔の海水が地下に閉じ込められた「化石海水」を汲み上げると立派な温泉となる。

一口に温泉と言ってもいろんな種類（泉質）がある。いろいろな入浴剤が販売されているのも私たちの泉質へのこだわりの強さを示していると言える。一方で、泉質の分類はシンプルではない。ここではできるだけ簡単に泉質の区分について述べて、代表的な温泉地の泉質を眺めてみることにする（図1－7）。まず液性による分類、すなわちpH（ピーエイチ＝水素イオン指数）を用いてアルカリ性、中性、酸性を区別する方法である。国内で最も強烈な酸性泉は八幡平火山群麓にある秋田県玉川温泉とされている。pHは1に近い酸性である。吃驚するなかれ、同じpHの塩酸はアルミホイルを一晩で完全に溶かしてしまうほどである。もっともpHのみで危険性を判断できないし、人間の皮膚は比較的酸性には強い。温泉水で目を洗ったり口を濯いだりしないようにすれば、強酸性温泉の抜群の殺菌力は効果覿面《てきめん》である。またあのピリピリとする感じも良い。一方、最強のアルカリ性泉はpH11を超える埼玉県都幾川《ときがわ》温泉である。酸性泉とは対照的にアルカリ性泉は、皮膚の脂肪と反応して石けんに似たすべすべした成分を作る。これが「美人の湯」といわれる所以である。ただ、全てのアルカリ性泉でこの反応が起こるのではない。カルシウムやマグネシウムを多く含むアルカリ性泉ではべたべた感が残る。いずれにせよ過ぎたるはな

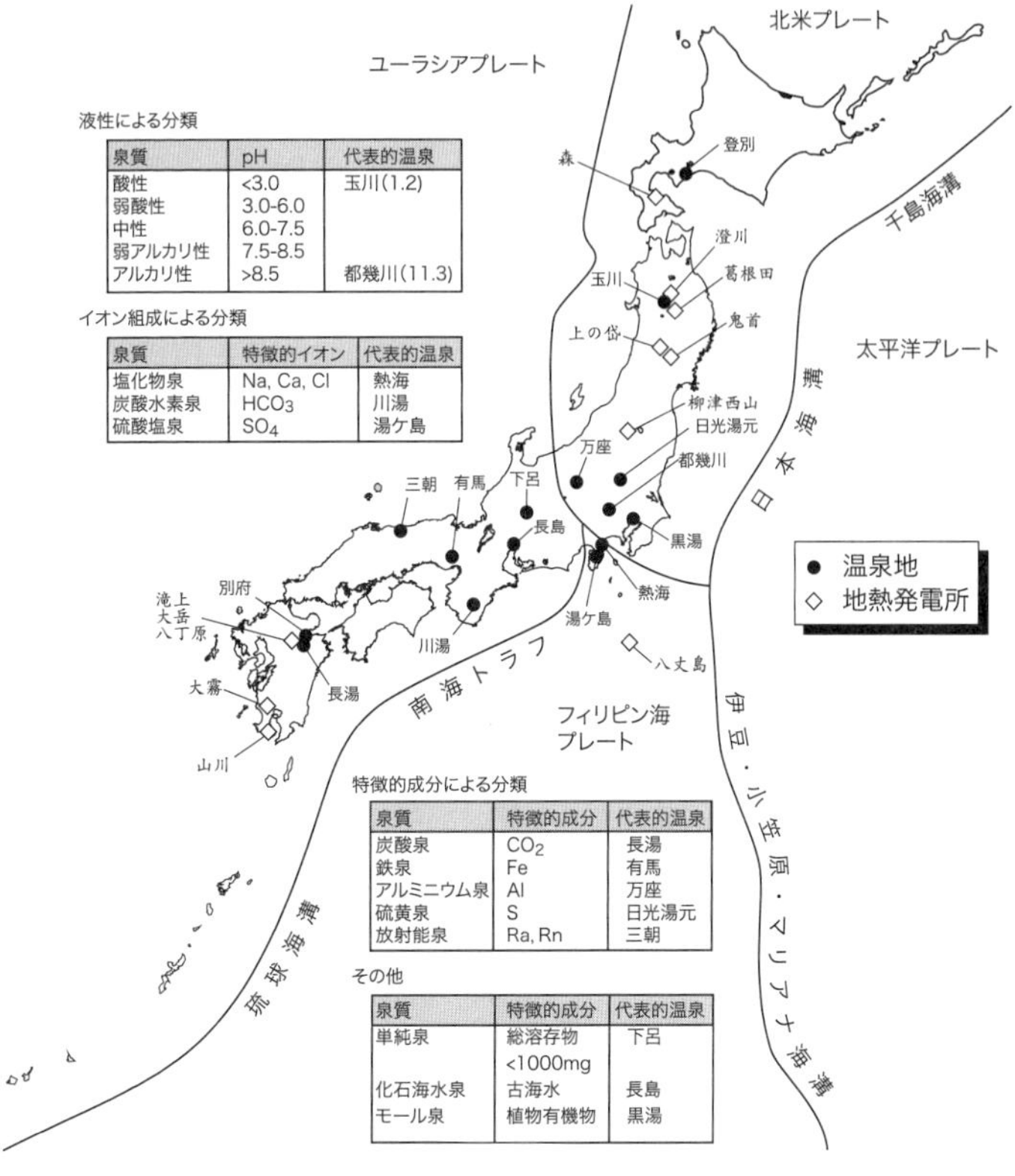

液性による分類

泉質	pH	代表的温泉
酸性	<3.0	玉川(1.2)
弱酸性	3.0-6.0	
中性	6.0-7.5	
弱アルカリ性	7.5-8.5	
アルカリ性	>8.5	都幾川(11.3)

イオン組成による分類

泉質	特徴的イオン	代表的温泉
塩化物泉	Na, Ca, Cl	熱海
炭酸水素泉	HCO_3	川湯
硫酸塩泉	SO_4	湯ケ島

特徴的成分による分類

泉質	特徴的成分	代表的温泉
炭酸泉	CO_2	長湯
鉄泉	Fe	有馬
アルミニウム泉	Al	万座
硫黄泉	S	日光湯元
放射能泉	Ra, Rn	三朝

その他

泉質	特徴的成分	代表的温泉
単純泉	総溶存物 <1000mg	下呂
化石海水泉	古海水	長島
モール泉	植物有機物	黒湯

図1-7　日本の温泉と地熱発電所

お及ばざるが如しという箴言を忘れてはならない。日本の温泉には、pH7〜9の中性〜弱アルカリ性泉が圧倒的に多い。

一般的に、温泉水には3種類の成分が溶け込んでいる。1つは食塩などの塩化物、炭酸水素イオン、それに硫酸塩イオンである（図1－7）。泉質を表現するには、このような主要な溶存成分の種類に基づいた分類が広く使われている。一方で、特徴的な成分の含有量が多い場合このことを強調した分類も用いられる。炭酸泉、硫黄泉、放射能泉などがこの分類法によるものである（図1－7）。逆に、溶存成分量が温泉法の基準を下回るが温度が25℃以上の温泉もある。このような温泉は単純泉と総称される。しかし、含有成分が少ないからといって決して効能が低い訳ではない。岐阜県の下呂温泉や、箱根湯本温泉など、名湯と呼ばれるものの中には単純泉も多い。

これまで述べた泉質とは異なる指標で温泉の分類が行われることもある。その例の1つがモール泉である。モールとはドイツ語で湿原を指す。地中に堆積した植物の分解で生成された有機物成分を含むので黒い色をしている。溶存成分に基づく分類では塩化物泉や単純泉に相当する場合が多い。東京湾沿いでは、このようなモール泉が黒湯として古くから知られている。また、北海道帯広市近郊の十勝川沿いのモール泉も十勝川温泉として広く知られている。

では、このようにわが国に密集する温泉はどのようにできるのだろうか？　温泉の成因を考えるときはまずその熱源が重要である。直感的にも判るように、比較的高温の温泉は火山の熱が原因であり、このような温泉を「火山性温泉」と呼ぶ。一方、火山とは直接関係なくできるものが

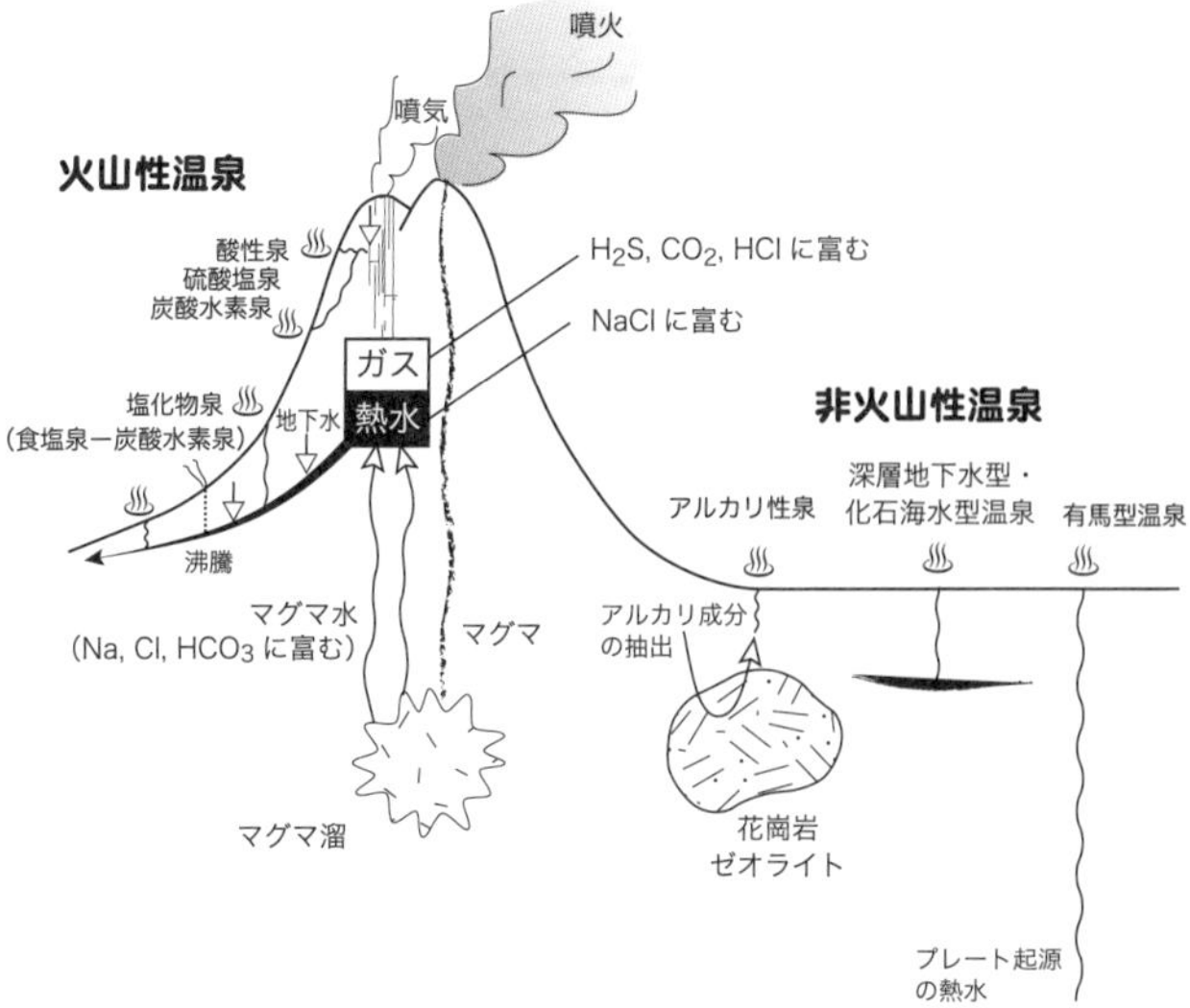

図1-8　温泉のでき方

「非火山性温泉」である。

　まず火山性温泉のでき方を、図1―8を使って概観する。火山の源であるマグマには水などの揮発性成分が含まれている。このような成分は、マグマが上昇して冷えると、もはやマグマの中には溶け込んでいることができなくなりマグマから分離する。この「マグマ水」は当然ながら数百℃もの高温であり、しかも地中に存在するので圧力もかかっている。このような条件にあるマグマ水は、液体（水）と気体（水蒸気）の違いを区別できない状態（超臨界状態）にある。このような状態にあるマグマ水は、揮発性の高い硫黄成分の他にも、マグマ中に含まれていたナトリウムや塩素つまり食塩成分を多量に含むことが実験などによって確認されている。

　実は、この温泉に含まれる食塩の起源が

以前は大論争になっていた。温泉の食塩成分はマグマに由来するのではなく、海水が混入したと主張する研究者も多かったのである。しかし、実験の結果によって海水は必要ないことが明らかになった。さらにこのマグマ水は、周囲の岩石と反応して炭酸水素イオン（HCO_3）にも富むようになる。

マグマ水がさらに上昇して温度が下がると超臨界状態ではなくなり、液体（熱水）と気体（火山ガス）に分離する。このとき、ガスには気化しやすい硫化水素（H_2S）、二酸化炭素（CO_2）や塩酸（HCl）などの成分が濃集し、一方熱水には食塩（NaCl）や金属イオンが選択的に含まれるようになる。ガスが地表付近の地下水と反応すると、硫化水素が硫酸となり、塩酸成分と相まって酸性泉となる。このような酸性泉は周囲の岩石を腐食することで酸性度は低下するが、この過程で硫酸塩泉、炭酸水素泉などの泉質に変化してゆく。

他方、地下に存在する熱水の温度は1気圧（地表）の沸点（100℃）より高温であるために、地表付近に移動すると沸騰する場合がある。例えば別府温泉の山の手（堀田《ほりた》・鉄輪《かんなわ》など）で盛んに噴気が上がっているのはこのせいである。この沸騰によって熱水はさらに食塩成分に富むようになる。また地下水と反応することで、炭酸水素イオンも取り込み、その結果火山体の麓には食塩泉－炭酸水素泉などの塩化物泉が形成される。もちろん、全ての火山性温泉でここで述べたような泉質が認められる訳ではないが、大規模な火山性温泉、例えば別府温泉では、鶴見岳・伽藍岳の火山熱源からの距離に呼応して図1－8のような多様な泉質が典型的に認められる。温泉のデパートと呼ばれる所以である。

次は、非火山性温泉について眺めてみることにする。非火山性温泉の中で最近注目を集めているのが「有馬型温泉」と呼ばれるものである。神戸市北区にある有馬温泉は、『日本書紀』にも登場し日本三古湯の1つにあげられる由緒ある温泉である。いくつもの泉質があるが、その中に90℃を超える高温で、海水の2倍以上の塩分を含む塩化物泉がある。同様の化学的特徴を持つ温泉は、滋賀県、大阪府、奈良県、和歌山県などに点在する。一方で、近畿地方には兵庫県北部の神鍋山などの小規模なものを除けば火山は存在しない。したがって、これらの有馬型温泉の食塩成分の起源は長い間研究者の頭を悩ませてきたのである。最近になって、このような温泉水は沈み込むフィリピン海プレートから絞り出された超臨界水に由来することが産業技術総合研究所の調査で明らかになりつつある。もしそうだとするならば、有馬型温泉は地下数十キロメートルからもたらされた「プレート温泉」ということができよう。非火山性温泉の代表例である有馬型温泉も変動帯日本列島からの恩恵なのである。

非火山性温泉の中で、アルカリ性泉の成因もまだ完全に解明された訳ではない。地下にある花崗岩の岩体や、ゼオライトと呼ばれる鉱物が濃集するゾーンまで地下水がしみ込み、アルカリ成分を溶かし出したものである可能性が指摘されている。

次に温泉、とくに火山性温泉と密接に関係する「地熱資源」についても、簡単に触れることにする。日本には、火山に伴う噴気（水蒸気）を用いた地熱発電所は、自家発電用を除けば12カ所ある。これらの総発電量は50万キロワットを超え、アメリカの３０９万キロワットには及ばないものの2010年の統計によると世界8位の発電量である。しかし、日本の総発電量に占める地熱発電の割合は僅か0・2%程度と著しく低い。一方で、2010年の政府調査の結果では、わが国の有する地熱発電の潜在的な資源量（賦存量）は3000万キロワットを超え、これは現在の総発電量の約一割となる。わが国は膨大なエネルギー資源を有しているのだ。

もちろん、地熱エネルギーを大規模に活用するためには解決すべき課題がいくつもある。例えば、排出される熱水や蒸気の安全性や環境負荷に関する慎重な検証が必要である。また地熱発電の実用化には、大規模なプラント建設が自然豊かな火山地熱地帯で必要である。当然、近隣の温泉資源の保全はまず優先されるべきである。一方で、地熱発電は他の発電法と比べても二酸化炭素排出量が低レベルであること、太陽光発電や風力発電などの他の自然エネルギーに比べて安定したエネルギー供給が可能であることなどの際立ったメリットがある。変動帯での原子力発電の危険性を既に知ってしまった私たちにとっては、地熱エネルギー資源の活用は喫緊の課題である。

火山大国日本

もう10年ほど前になるが、「21世紀に残したい日本の風景」という番組（NHK）があった。その番組ではアンケートに基づいて自然、文化遺産などから100選を紹介していた。そのトップは富士山。なるほどと頷ける。そして、100選の中で火山が24、火山が密接に関連する風景を入れると3割程度を占める、まさに火山は私たち日本人にとっての原風景の1つなのである。

「火山」とは、地球の内部で発生したマグマが地表近くもしくは地表まで上昇することで形成された山である。マグマが溶岩流などとして噴出すると火山特有の地形を形成する場合が多い。しかし、古い時代のものでは浸食などによってこのような特有の地形が失われたり、逆に火山ではないのに一見すると火山のような地形を成す場合がある。このような古い山体は、「火山」とは呼ばない。一般的に火山と分類されるものは、最も新しい地質時代である第四紀（今から約260万年前以降）に形成され、火山特有の地形を示すものである。

日本列島には約250もの火山がある。図1－9によく用いられる火山帯の分類にしたがってこれらの火山の分布を示す。日本列島、さらに一般的に言うとプレートの沈み込み帯では、ほぼ海溝に沿って火山が分布するのが特徴である。海溝とは地球の表層を覆うプレートが内部へと沈み込む場所であるので、海溝と火山帯の並行性は、火山あるいはマグマがプレートの沈み込みと密接に関連して作られることを示している。どのような関連があるのかの謎解きは次の章で行うことにして、ここではまず火山について使われる呼び名を整理しておくことにしよう。なぜ名前の用法にこだわるかというと、この用法の混乱が火山活動に対する誤解をしばしば生み出すからである。

最初に述べておかねばならないのは、「活火山」「休火山」「死火山」という分類についてである。これらの用語は1975年以前は広く用いられていた（表1－1）。多くの読者も昔学校でこの言葉を習ったことがあるに違いない。現在噴火や噴気活動を行っているものが活火山、活動の記録はあるが現在は活動していないものが休火山、そして活動記録がなく、したがって今後も活

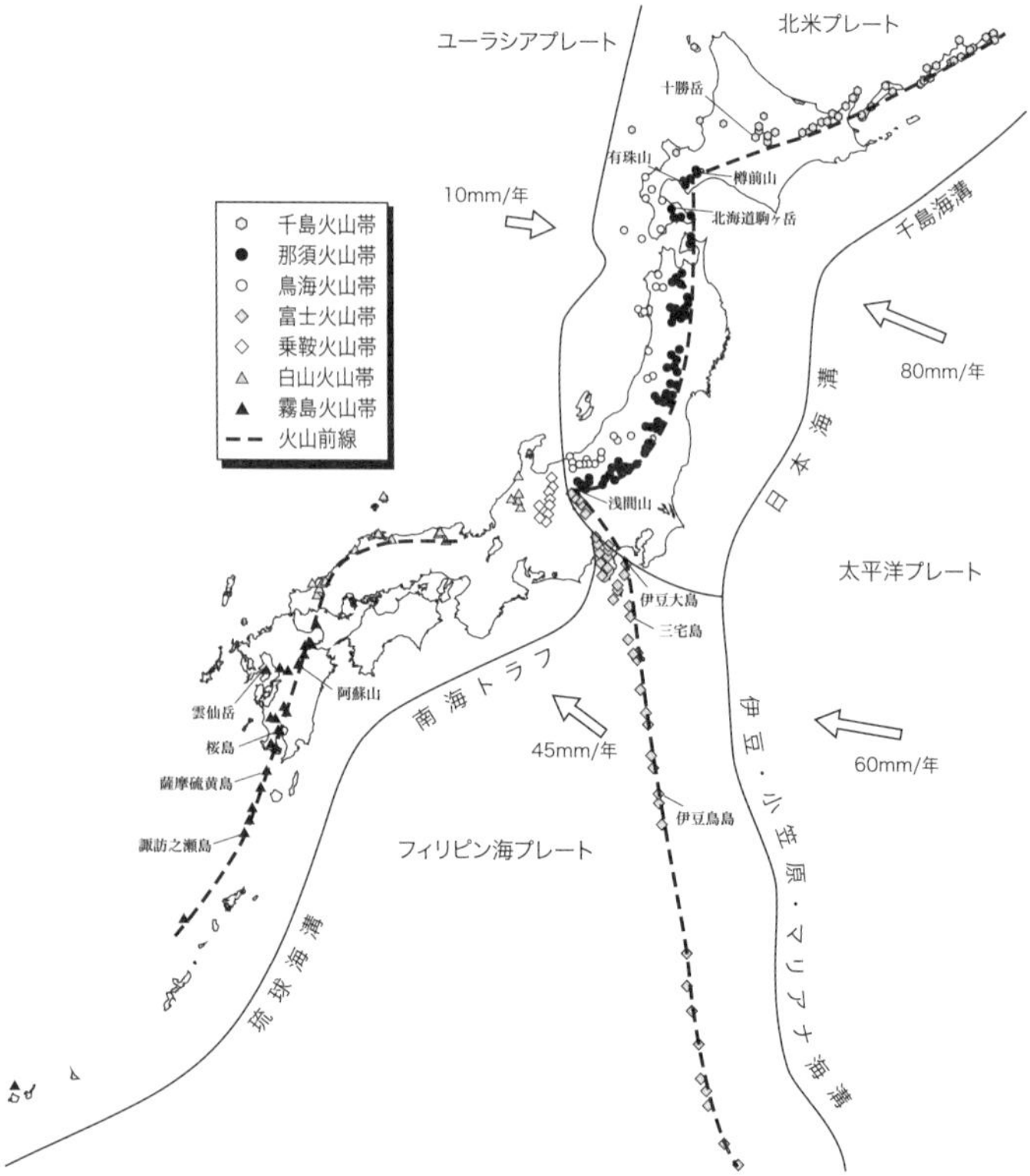

図1-9　日本列島の火山分布と活動度Aランクの活火山

	活火山の定義	活火山数
1975年以前	現在活動している火山。休火山、死火山という言葉も使用	
1975年	噴火記録のある火山および現在活発な噴気活動のある火山	77
1991年	過去およそ2000年以内に噴火した火山および現在活発な噴気活動のある火山	86
2003年	概ね過去1万年以内に噴火した火山および現在活発な噴気活動のある火山	110

表1－1　活火山の定義の変遷

動しないであろう火山が死火山というものである。この分類は、ネーミングの判りやすさから強く私たちの頭の中に刷り込まれてしまっている感がある。しかし、休火山、死火山という語彙はもはや何の科学的意味も持たない完全な死語なのである。私たちはこの用語を使ってはならない。きっかけとなったのは、死火山とされていた御嶽山が1968年から活発な噴気活動を始めたことである。活動記録はなくとも、火山そしてその地下にあるマグマはまだまだ生きている場合がある。

そこで気象庁は、休火山・死火山の分類は用いずに活火山のみを定義するようになった。しかし、その定義も表1－1に示すように変遷を重ねて来た。まず、噴火記録による分類は明らかに人為的なものであることを考慮に入れて、過去2000年という火山噴出物の解析から判る数値を用いて活火山を定めた。「有史時代」という火山にとっては空疎な語彙を数値化する試みであった。

しかしその後、この2000年という数字も全く意味を持たないことが判った。数千年の休止期の後に、火山活動を再開する火山は決して珍しくないのである。つまり火山活動と有史にはなんら相関はなく、前者の方が明らかに長い。そこで2003年からは、約1万年という数字を火山活動の継続時間の目安として使うようになった。気象庁によれば、過去1万年の噴火履歴で活火山を定義するのが適当であるという認識が国際的にも一般的になりつつあるのがその根拠である。

1万年という期間の意味を、日本の火山のシンボル的存在である富士山を例にとって考えてみることにする。実は富士山は単一の火山ではなく、4つの火山が積み重なったものである。最も古い火山は先小御岳《せんこみたけ》火山と呼ばれ、数十万年前に誕生した。その上に10万年前頃まで活動した小御岳火山が重なり、さらに10万～1万年前には古富士火山が出来上がった。そして1万年前からは新富士火山の活動が続いている。つまり、有史以来少なくとも10回以上の噴火を繰り返してきた活動は、約1万年前の新富士火山の誕生と直接関係しているらしい。

また1万年という年代は、日本列島では縄文時代の開始とほぼ一致するために、遺跡での火山灰調査によって火山活動を認定することができる可能性が高い。加えて炭素の放射崩壊を用いた年代測定も比較的高精度で行うことができる年代範囲である。

しかしここで注意が必要なことは、沈み込み帯の火山の寿命は1万年より遥かに長く、おおよそ数十万年程度である事実である。先ほどの富士山の活動史もそれを物語っている。1万年より古い火山も、決して死んではいないのだ。つまりいつ活動してもおかしくない、「まだ生きている火山」は、活火山の数110よりは遥かに多く存在する。図1-9に示した第四紀火山は、いずれも今後も活動を続けるまたは再開する可能性があることを心に留めておくべきである。

地球上には約1500の活火山が存在すると言われている。そして日本列島には110、世界の8%近くの活火山が分布している。わが国の国土が地球表面の僅か0・08%にも満たないことを考えると驚くべき密集度である。だからこそ私たちは火山からの恩恵と試練を強く受けてきたのである。

日本では、110座ある活火山に対してさらにその火山活動度のランク付けが行われている。噴火の危険性をできる限り科学的に表現する試みである。この方法では、過去100年間と過去1万年間の火山活動や、噴出量、噴火の様式などを評価して、これらのデータがある85の活火山を、A（13火山）、B（36火山）、C（36火山）の3つのレベルに分類している。図1-9ではAランクの火山は名前を入れてある。もちろん、BランクやCランクの活火山がAランクの火山よりも安全であるという認識は正しくない。活火山はいずれもいつ噴火してもおかしくない火山ではあるが、特にAランクの火山は噴火の可能性が極めて高く、噴火災害に対して常に警戒すべき火山なのである。

さてここで、日本列島に分布する火山の活動様式の多様性とそれによって起こる災害について触れておこう。火山活動は概ねマグマの活動が引き金となる。高温の溶融物であるマグマが火口から流れ出たものおよびそれが固まったものが「溶岩」である。溶岩の流れやすさはマグマの化学組成によって大きく変化する。マグマの主要成分である「二酸化ケイ素（SiO_2）」は、マグマの中で網目状のネットワークを作っている。このネットワークの程度が高いとマグマはネバネバとなり、逆にネットワークが切れた状態になるとサラサラとなる。したがって二酸化ケイ素成分が少ない（約50重量%）玄武岩は流動性に富み、逆にこの成分が多いマグマではねっとりと流れる。さらに、二酸化ケイ素の少ないマグマは一般に高温であるために、余計に流れやすくなる。サラサラの玄武岩質溶岩流を噴出する代表的な火山と言えば、伊豆大島三原山である。一方日本列島の火山で最も普遍的に見られる安山岩質（二酸化ケイ素量約60%）の溶岩は、粘り気が高いためにゴツゴツした表面となる。浅間山の鬼押出しや桜島の溶岩道路沿いに典型的な安山岩質の溶岩流をみることができる。二酸化ケイ素量が65%を超えるデイサイトや流紋岩質のマグマの場合は、あまりにも粘り気が強いために、溶岩流ではなくドーム状の高まりを形成する場合が多い。このような「溶岩ドーム」の例としては、有珠火山の昭和新山や雲仙普賢岳などがある。

火口から噴出されるマグマ物質は溶岩だけではない。火山灰や噴石、軽石やスコリアなどの、マグマが冷え固まってちぎれてしまった火山砕屑物《さいせつ》と呼ばれるものもある。詳細な定義はここでは省略するが、軽石とスコリアはいずれも多孔質で孔だらけの形状を示す。前者はデイサイトや流紋岩質であるために白っぽく、一方スコリアは安山岩〜玄武岩質で黒っぽい。

次章で詳しく述べるが、そもそも火山噴火は、地下数キロメートルの深さにある「マグマ溜《だまり》」にマグマが供給されてマグマ溜が膨張することがきっかけとなることが多い。行き場を求めるマグマは、過去の噴火で作られた「火道」（噴火口とマグマ溜を繋ぐマグマの通り道）を使って上昇し始める。上昇すると圧力が下がるためにコーラの栓を抜いた時と同じようにマグマからガス成分が泡となって出てくる。脱ガスや発泡と呼ばれる現象で、こうしてガスが出ると著しく体積が増えるために爆発が起こるのである。

この火山ガスの主要成分は水蒸気と二酸化炭素であるが、硫化水素や亜硫酸ガスなどの有毒成分が含まれるので注意を要する。噴火だけではなく、日常的な噴気活動でも放出される有毒な火山ガスで死亡事故がしばしば起こっている。

火山活動といえば溶岩流と共に「噴煙」を思い浮かべる。噴煙とは火山砕屑物と火山ガスが渾然一体となって火口から湧き上がる柱状のものである（図1－10）。噴煙柱の下部、つまり火口近辺では圧力が急に低くなるためにマグマの脱ガスがさらに進行する。その結果、噴煙柱の中には強い上昇流が生まれる。この領域の噴煙柱では火山砕屑物の割合が多いのでガスと固体の混合物全体の密度も高い。したがって、脱ガスが完了すると上昇のための推進力は失われてゆくのである。一方で、高温の上昇流が周囲の空気を取り込んで膨張させるために噴煙柱の密度は減少して浮力を獲得することになる。この領域は中部膨張対流域と呼ばれる。やがて噴煙柱の密度と周囲の大気の密度が釣り合うようになるが、その後しばらくは慣性力によって噴煙は上昇を続ける（上部慣性運動域）。この領域では噴煙は周囲へ広がってゆくことになる。このような構造をもつ噴煙柱は、大規模な噴火の場合は高さ20キロメートルを超えて成層圏まで達することもある。

噴火によって持ち上げられた火山砕屑物は、その密度が空気に比べて大きいために最終的には地表へと落下する。その際の落下速度は、重力と空気抵抗が釣り合う速度（終端速度）である。

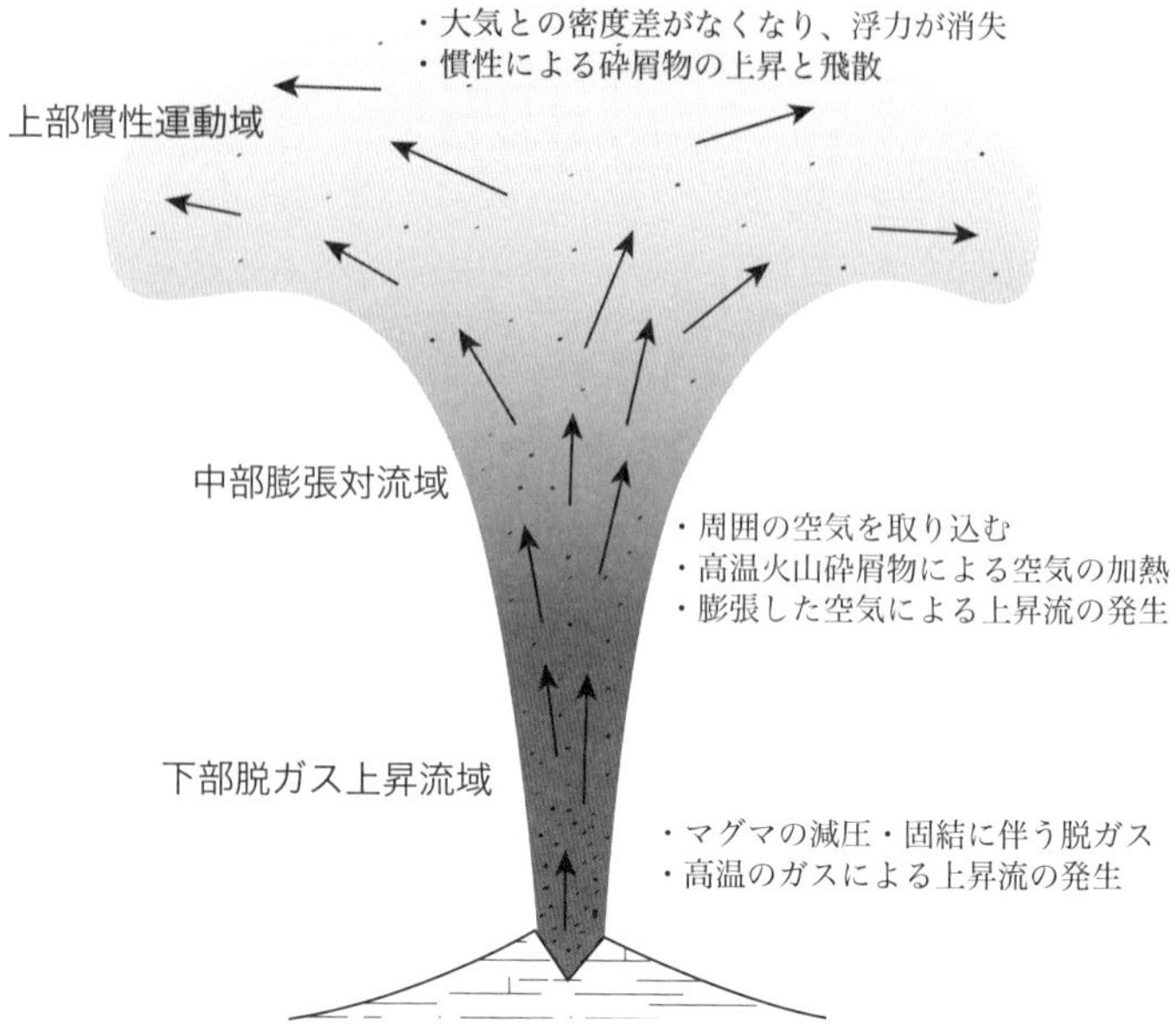

図1-10　噴煙柱の構造

重力は粒子の質量つまり半径の3乗に比例し、空気抵抗は表面積つまり半径の2乗に比例するので、細かい火山砕屑物の方が終端速度は小さくなる。したがって細かい粒子ほど地表に落下するまでの時間が長い。ここで、火山砕屑物は横風によっても運ばれることが重要である。日本列島のような偏西風帯では、噴出源から東向きに運ばれることが多い。この場合、終端速度の小さな細かい粒子ほど遠方まで飛散することになる。

火山灰などの細かい火山砕屑物が地表に降る現象は「降灰」と呼ばれる。降灰は農作物に甚大な影響を与えるほか、機械装置や精密機器に侵入して作動不良を起こし様々な都市機能を麻痺させる可能性がある。また、わずか1センチメートルの降灰でも乾燥状態で1平方メートルあたり10〜20キログラムの重さとなり、濡れた状態では2倍程度の重さとなるために家屋への被害も考えられる。それほど大規模ではない噴火の場合には降灰は火山体周辺に限られるが、日本列島ではこれまで、遥かに大規模な降灰が幾度も起こってきたのである。後に詳しく述べるが、例えば今から2万8000年前に鹿児島湾周辺で起こった超巨大噴火によって、高知県では50センチメートル、関東地方でも10センチメートル程度もの降灰があったことが地層に記録されている。また1707年の富士山宝永噴火では江戸で10センチメートルの降灰があり、多数の住民が呼吸器疾患に悩まされたとの記録がある。こんな降灰が現代の東京を襲ったら……毛骨悚然《もうこつしょうぜん》たる思いである。

さて噴煙柱の形成に関して注目すべきことは、この中では地表に近い方で密度が高くなっていることである。したがって、噴火したマグマが多量であると、噴煙柱の中に火山砕屑物が多量に含まれるために、噴煙柱自体が重力に耐えることができずに崩壊してしまう可能性がある。崩壊した噴煙柱は一気に山体を流れ下ることになる。この過程でも、周囲の空気が取り込まれることによって噴煙柱崩壊物は流動性に富むようになり、火山砕屑物と気体が混合した流体は火山の周囲へ広がってゆく。これが「火砕流」と呼ばれるものである。このような、噴煙柱の形成とそれに伴う降灰、さらには火砕流の発生という噴火は日本の火山では頻繁に起こってきた。例えば1783年（天明3年）の浅間山の噴火では、主に火砕流によって1000名以上が犠牲となり、農耕地も壊滅的な被害を受けた（図1-11）。

噴煙柱の崩壊によって発生する火砕流は、関与したマグマの量が大きいと、極めて大規模なものになる可能性がある。このような大規模火砕流は、幾度となく日本列島で発生しており、私たちにとっては最大の試練の1つである。この現象については、後の章で詳しく解説する。

その優美な山容が私たちを和ませてくれる火山であるが、火山活動によって山体が大きく崩れて一瞬にして姿を変えてしまう場合がある。福島県猪苗代湖の北に位置する磐梯山は、1888年7月15日に水蒸気爆発が引き金となって山体崩壊を起こした。崩壊した約1・5立方キロメートルの山体は、時速80キロメートルの速さでなだれのように崩れ落ち山体北側の5つの村を襲ったのである。このような山体崩壊に伴う流動現象を「岩屑《がんせつ》なだれ」と呼ぶ。磐梯山岩屑なだれによる死亡者は約470名と言われている。

1991年6月3日に溶岩ドームの崩壊による火砕流が発生し43名の死者・行方不明者を出した雲仙火山では、その200年ほど前（1792年）に大規模な山体崩壊が起こっている。火山活動に伴う震度6とも言われる地震によって、熱水の活動で脆くなった雲仙岳の眉山《まゆやま》が崩壊したのである。発生した岩屑なだれは周辺地域で約5000もの人命を奪った。さらにこの岩屑なだれは有明海に流れこみ、10メートル以上の津波を発生させた。対岸にあった現在の熊本市周辺での津波による死者は1万人ともいわれている。この大災害は「島原大変肥後迷惑」と呼ばれている。同様の山体崩壊に伴う津波は、1640年7月31日の北海道駒ヶ岳の噴火時にも発生した。この時には岩屑なだれが大沼や内浦湾になだれ込み、そこで発生した津波で700名もの溺死者が出たと言われている。また、1741年の渡島大島《おしま》寛保岳の山体崩壊で発生した津波は、対岸の渡島半島を襲い約1500名の犠牲者を出した。

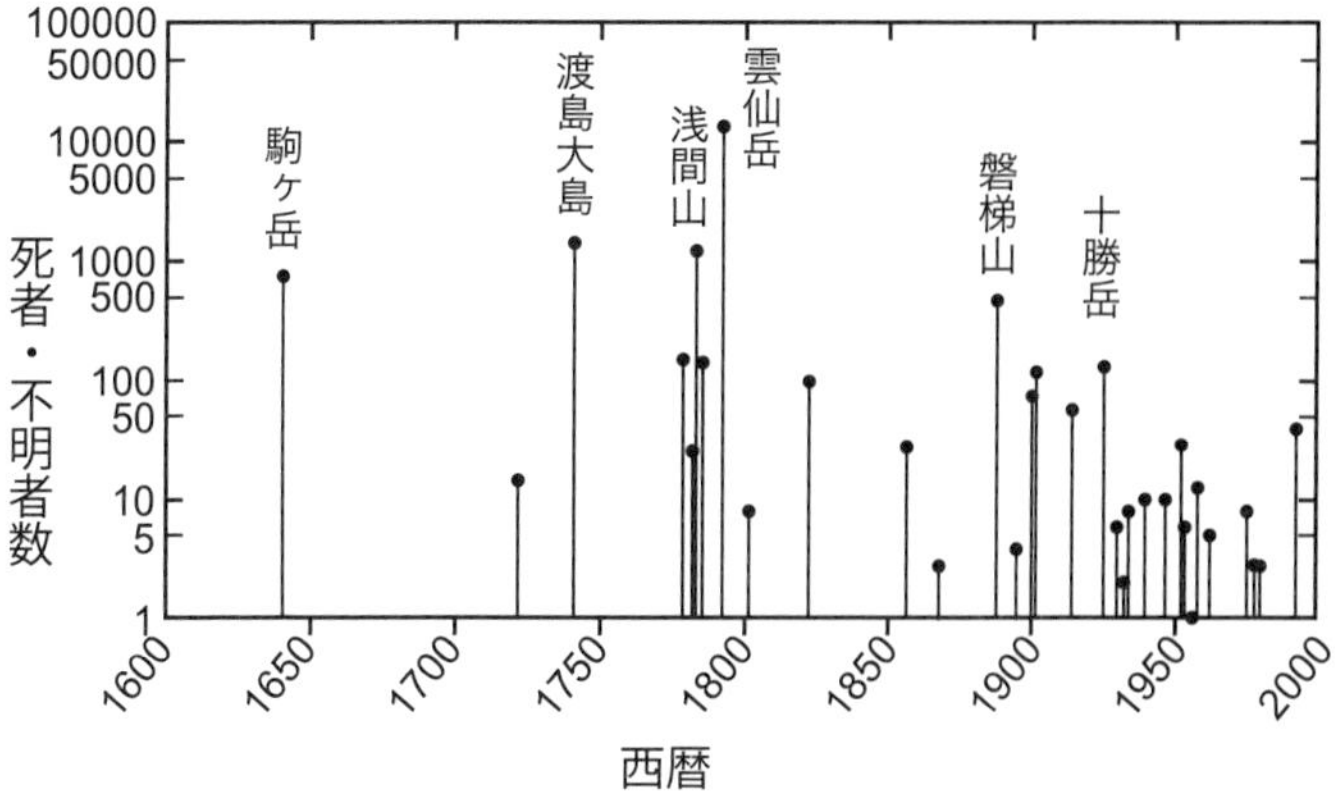

図1-11　1600年以降の噴火被害

噴火に伴う災害として忘れてはならないのが「火山泥流」である。この現象は、火山噴火に伴って発生した多量の水を含んだ火山砕屑物が山体斜面を流れ下るものである。１９２６年５月、まだ雪深い北海道十勝岳で噴火が起こった。この際に発生した高温の岩屑なだれが急速な融雪を引き起こし、火山泥流が山麓の富良野へと流れ下った。この火山泥流による死者・行方不明者は１４４名に達した。

地震大国日本

記録に残るわが国最古の地震は、『日本書紀』に記された允恭《いんぎょう》５年（４１６年）のものであり、推古７年（５９９年）には、大和地方で家屋倒壊があったことも記録されている。さらには、天武13年（６８４年）には、おそらく南海トラフ沿いの巨大地震（白鳳地震、推定マグニチュード８・３〜８・４）が記されている。その中には、液状化現象や波高10〜20メートルの津波の記述もある。
もちろんこれらの以前にも、そしてそれ以降も日本列島は数えきれないほどの地震に見舞われてきた。例えば、近代的な地震観測が行われるようになった1885年から2005年までの120年間に、日本列島周辺ではマグニチュード6以上の地震は1300回以上起こっている（図1－12）。なんと、1年あたり11回近く起こったことになる。突出して地震回数の多い1923年は、関東大震災を引き起こした大正関東地震が起こった年であり、また1938年には福島県東方沖地震が起こり、それに引き続いて比較的規模の大きい群発地震が起こっている。ちなみに、東北地方太平洋沖地震が発生した2011年には、マグニチュード6以上の地震が3月だけで77回起こった。

ここで、「マグニチュード」について触れておこう。私たちが地震を実感するのは揺れであり、揺れの強さ、つまり大きさと速さを表す指標が「震度」である。わが国では震度は0から7まで、そのうち5と6に関してはそれぞれ強と弱とに区分されて合計10段階で表される。しかし震度は、建物の構造、地下構造、地盤の地質、震源からの距離などによって大きく変化する。例えば、同じワット数の電球をつけても電球からの距離、壁による光の反射の仕方、そしてサングラスをかけているかどうかなどで感じる明るさは変わってしまう。したがって、電球が発するエネルギーを感じる「明るさ」という基準だけで推し量ることはできない。同様に、地震の大きさは震度だけで表すことはできない。そこで使われるのが「マグニチュード」という指標である。magnitudeという単語は大きさや規模を意味する。

現在世界的に用いられているマグニチュードは「モーメントマグニチュード」と呼ばれる指標で、地震を引き起こした断層の面積、断層の変位量、断層周辺の岩石の変形のしやすさから求める。また、マグニチュード（M）と地震が発するエネルギー（E）との間には、次のような関係があることが知られている。

$$\log_{10}E = 4.8 + 1.5M$$

ここで$\log_{10}$は常用対数を表す。したがって、知っておいていただきたいのは、マグニチュードが1大きくなるとエネルギーは10の1・5乗（≒32）倍に、2大きくなると10の3乗（＝1000）倍になるということである（表1－2）。一般的にはマグニチュードが5以上7未満のものを中地震、7以上になると大地震、8以上は巨大地震、9以上を超巨大地震と呼んでいる。

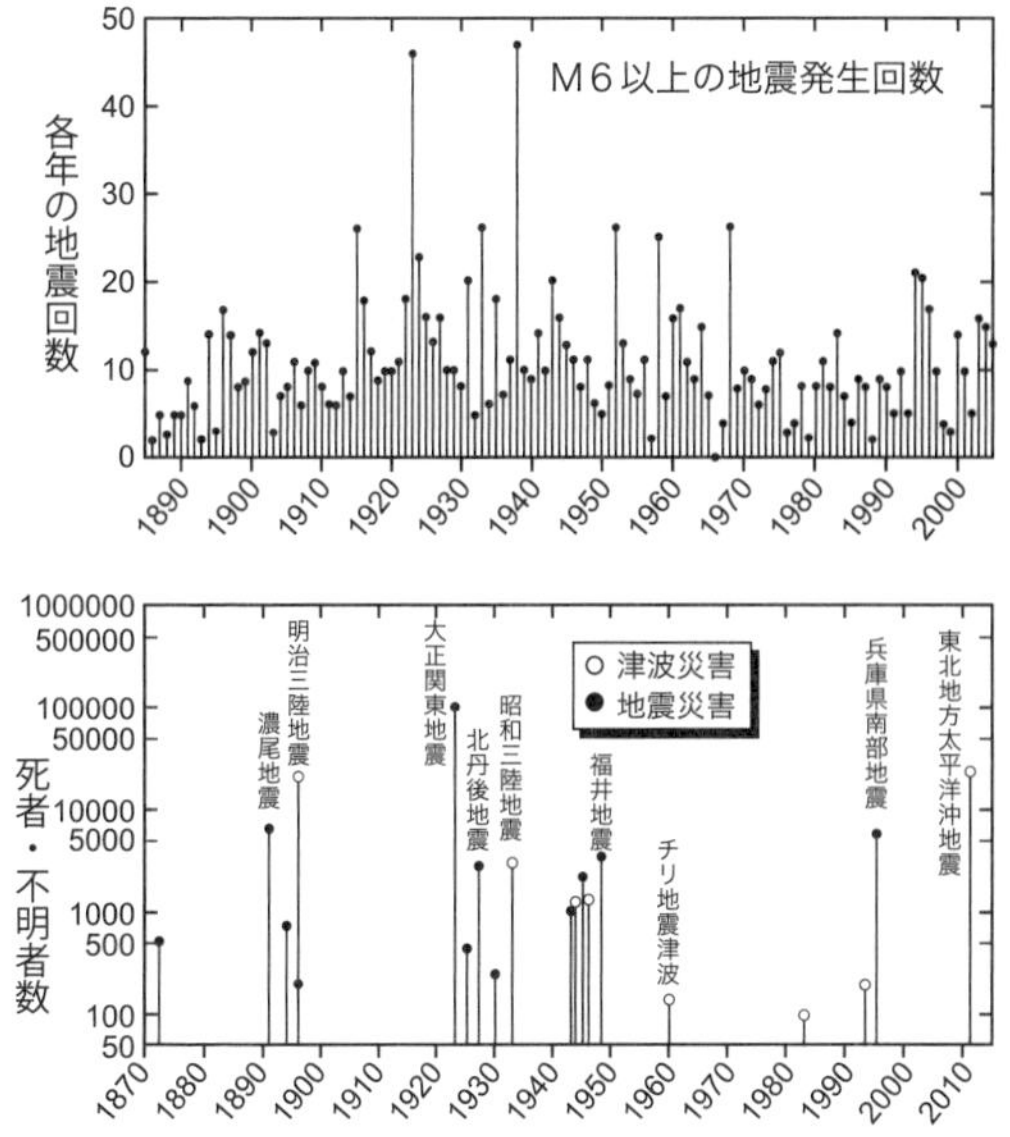

図1－12　M6以上の地震の発生回数と被害地震

ここで注意すべき点は、M7の大地震とM9の超巨大地震とではエネルギーに1000倍もの違いがあることである。エネルギーを比較する時によく用いられるTNT火薬で換算すると、M6では1万5000トン、M7では48万トン、M8では1500万トン、M9では4億8000万トンもの量になる。このような地震のマグニチュードとエネルギーの関係から重要なことが判る。それは、例えばM8クラスの地震を起こす可能性のある、つまりそれだけの歪みエネルギーが蓄積された領域で、M7クラスの地震が数回起こったからと言っても依然としてM8クラスの地震が起こる危険性は高いということである。むしろ、中規模地震が大地震や巨大地震を惹起するきっかけとなることがあることを知っておくべきである。

断層が起こる地殻内の岩石の平均的な物性を用いると、それぞれのマグニチュードに対応する地震断層の規模と変位量をおおよそ見積もることができる。マグニチュード5の場合は、平均的な断層の変位量を20センチメートルとすると、断層面の面積は僅か3・3平方キロメートルに過ぎないが、超巨大地震の場合は、長さ500キロメートル、幅66キロメートルの大断層が20メートルずれることになる。ちなみにこの場合の断層の面積は関東地方全域に匹敵する。あらためて超巨大地震の凄さを認識せざるを得ない。

マグニチュードについて述べた所で、もう1つ覚えておいていただきたいことがある。それは、マグニチュードが1大きくなると地震の発生回数がおおよそ10分の1になることである。この傾向は、図1‐13に示した日本列島周辺の地震についても見ることができる。しかしながら先に述べたように、マグニチュードが1上がればエネルギーは32倍にもなるのである。小さめの地震が

マグニチュード	エネルギー（ジュール）	エネルギー（TNT 火薬、トン）	変位量（メートル）	断層の面積（平方キロメートル）	断層の長さ（キロメートル）	断層の幅（キロメートル）
5	2.0×10^{12}	4.8×10^{2}	0.2	3.3	5	0.66
6	6.3×10^{13}	1.5×10^{4}	0.6	35	15	2.3
7	2.0×10^{15}	4.8×10^{5}	2	332	50	6.6
8	6.3×10^{16}	1.5×10^{7}	6	3497	150	23
9	2.0×10^{18}	4.8×10^{8}	20	33176	500	66

表1-2　地震の規模

いくつか起こったからと言っても、地盤に蓄えられたエネルギーがそれによってなくなる訳ではない。

日本列島は世界的に見ても地震の密集地帯である。M6以上の地震については、世界中の2割もの地震が、日本列島で発生している。このような日本列島周辺の、もう少し一般的に言えばプレート沈み込み帯の地震は、その発生のメカニズムによっていくつかの種類に分けることができる。図1-13でも明らかなように、プレートが沈み込む場所である海溝の陸側に地震が集中している。このような地震は「海溝型地震」と呼ばれ（図1-14）、沈み込むプレートによって引きずられている上盤プレートが、ある限界に達すると跳ね返って断層が動くタイプである。この断層は、上盤側が相対的に上方向へ運動し「逆断層」と呼ばれる。発生頻度もさることながら、地震の規模も大きい場合が多く、世界の超巨大地震のほとんどがこのタイプのものである。

先の東北地方太平洋沖地震、最大遡上高38・2メートル（岩手県綾里《りょうり》湾）の津波が発生し2万2000人近くの死者・行方不明者を出した1896年の明治三陸地震（M8・5）などの日本海溝近傍で発生してきた多くの地震は、太平洋プレートの沈み込みによって引き起こされた海溝型地震で

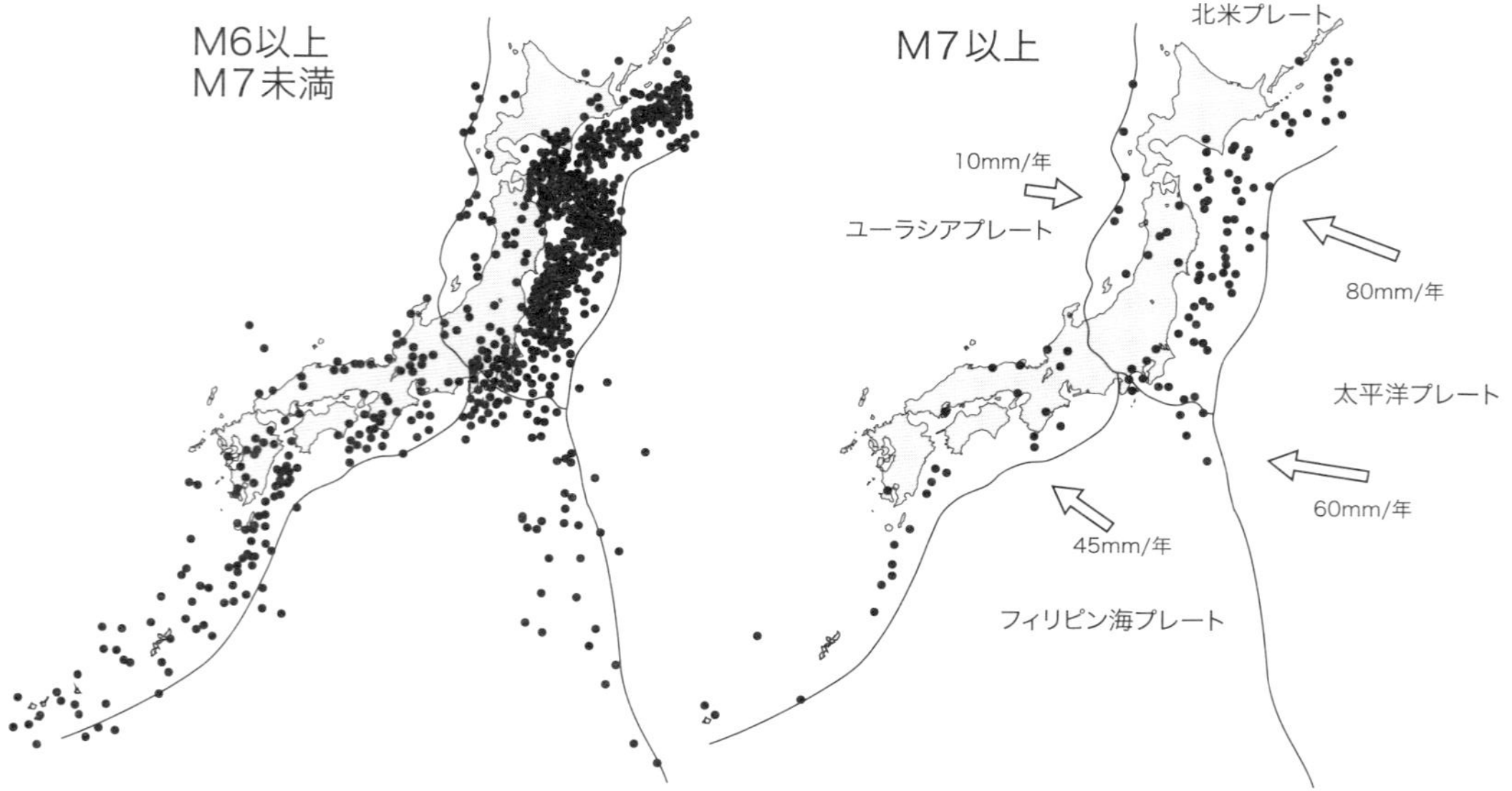

図1-13　日本列島の地震分布、1885年から1995年に100キロメートルより浅い所で起きた地震を示す

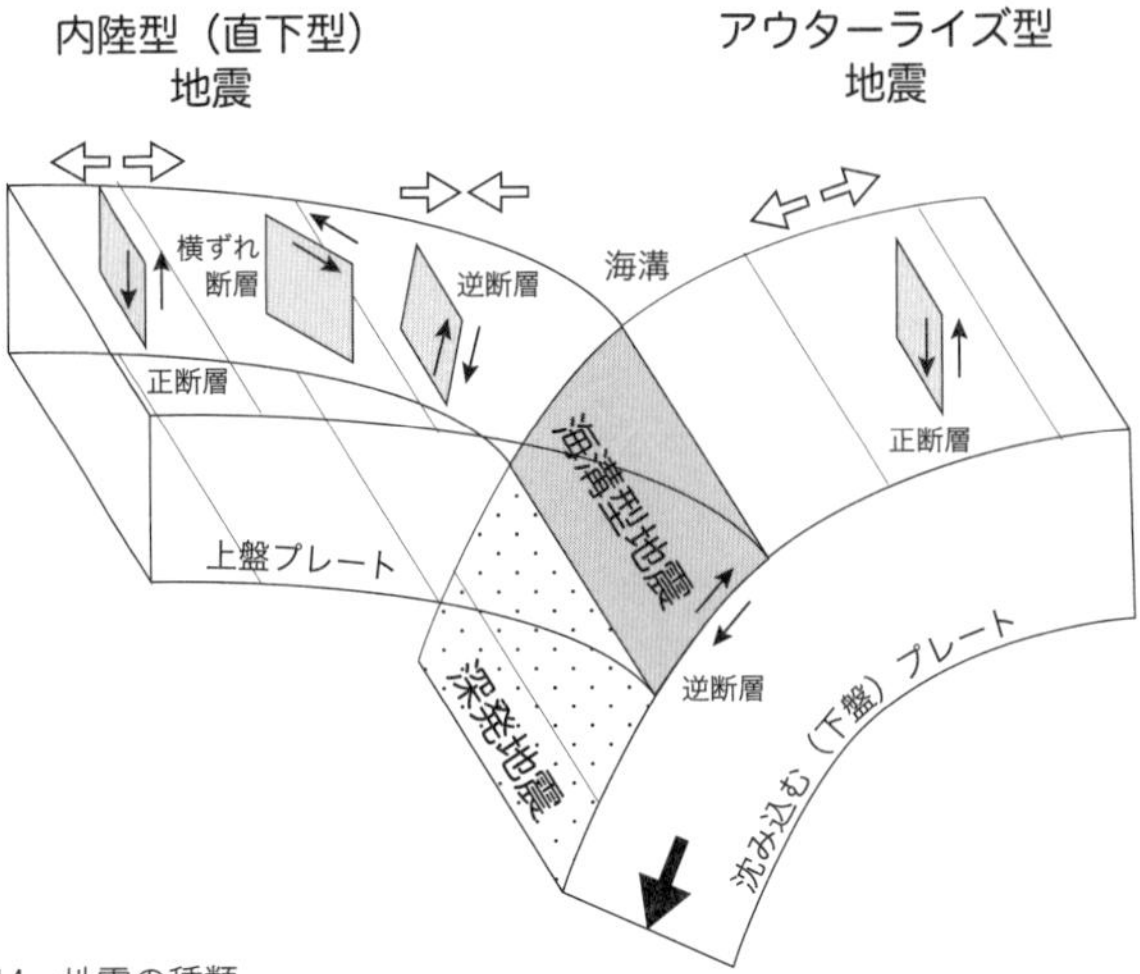

図１-14　地震の種類

ある。また、わが国の災害史上最悪の10万人を超える死者・行方不明者を出した１９２３年大正関東地震（図１-12）や、江戸を中心に関東一円で２０００名以上の死者を出したと言われる１７０３年の元禄地震は、フィリピン海プレートが相模トラフから沈み込むことが原因で発生した。さらには、記録に残るだけでも、６８４年の白鳳地震以来少なくとも10回の巨大地震（南海・東南海・東海連動型地震）が起こってきたのは、フィリピン海プレートが西南日本の下へ沈み込む南海トラフ近傍である。

沈み込むプレートのさらに深い部分でも地震は多発する。運動するプレートに、いろんな力が働くことが原因である。このタイプの「深発地震」は、海溝型地震に比べると一般的に規模は小さく、さらに震源から地表までの距離が大きくなる為に被害地震となることは稀である。しかし、１９９３年の釧路沖地震（Ｍ７・５）では、震源の深さが約100キロメートルであったにもかかわらず、釧路市で最大震度6を観測した。

プレートが海溝から地球内部へと沈み込むには、大きく曲がる必要がある。このようにプレートが折れ曲がる場所では、沈み込んだプレート自身の重さによってプレートを引っ張るような力が働き、その結果断層が発達する。この場合の断層は、上盤側が落ち込むような「正断層」と呼ばれるものである。この断層運動に伴う地震は「アウターライズ型地震」と称される。この名前は、海溝よりも外側（海側）でプレートが曲がる所が少し高まりを作り、その高まりをアウターライズと呼ぶことに由来する。このタイプの地震は陸域での震度は小さいが、巨大な津波が発生する場合があることが特徴である。1933年の昭和三陸地震（M8・4）がこのタイプのものであり、三陸海岸では震度は5以下で地震による直接の被害はなかったが、津波の襲来により3000名以上もの犠牲者がでた（図1-12）。

プレートが海溝から沈み込むと陸側の上盤プレートには圧縮力が働く。これが原因となり陸域で断層運動が起こり地震が発生する。このような地震は「内陸型地震」と呼ぶ。震源が人口密集域の真下付近にあるために、「直下型地震」とも言われる。後に述べるように、これらの断層は圧縮力が原動力であるので、「逆断層」や「横ずれ断層」となる場合が多い（図1-14）。例えば、2004年の新潟県中越地震（M6・8）や1964年の新潟地震（M7・5）は逆断層型であった。一方で、多くの被害者を出した1995年の兵庫県南部地震（M7・3）、1948年の福井地震（M7・1）、1927年の北丹後地震（M7・3）、1891年の濃尾地震（M8・0）などは横ずれ成分が卓越する断層運動で発生した内陸型地震である。また九州、特に中部九州では地盤を引っ張る力が作用して「正断層」が発達し、この断層の活動による地震が多く発生する傾向がある。これらの正断層は、別府から阿蘇山、そして島原半島へかけての地域が南北方向に広がっていることに原因があると言われている。例えば1596年の慶長豊後地震（M7・0）は、最大震度6にも及び、津波や液状化現象による被害も甚大であった。また、別府湾にあった瓜生島と久光島がこの地震活動によって海中に没したとも言われている。

ここで、関東直下型地震、あるいは首都圏直下型地震について触れておく必要がある。日本の30％以上の人口や、様々な国家・経済・生産機能が集中する関東地方は、おおよそ200年の間隔でM8クラスの海溝型地震に見舞われてきた。相模トラフ近傍でフィリピン海プレートが沈み込むことによって起こった大正関東地震や元禄地震がこのタイプであり、震源近傍の関東地方に甚大な被害を及ぼしてきた。一方で関東地方の中央部、いわゆる首都近郊でも、やや規模は小さいものの、それでもM7クラスの地震が数十年間隔で起こっている。図1－15に震央分布を示すが、都市近郊直下に震源があることで、縦《たと》い規模は小さくても被害が大きくなる可能性が高い。隅田川河口直下に震源があったと推定される安政江戸地震では、江戸の下町を中心に1万戸以上の家屋倒壊、4000人以上の死者を出した。

関東地方の地下には、二つのプレートが重なり合うように沈み込んでいる。1つは、日本海溝から西向きに入り込む太平洋プレートであり、もう1つは、相模トラフから北向きに沈み込むフィリピン海プレートである（図1－1）。図1－15をご覧いただこう。この図にはこれらの2つのプ

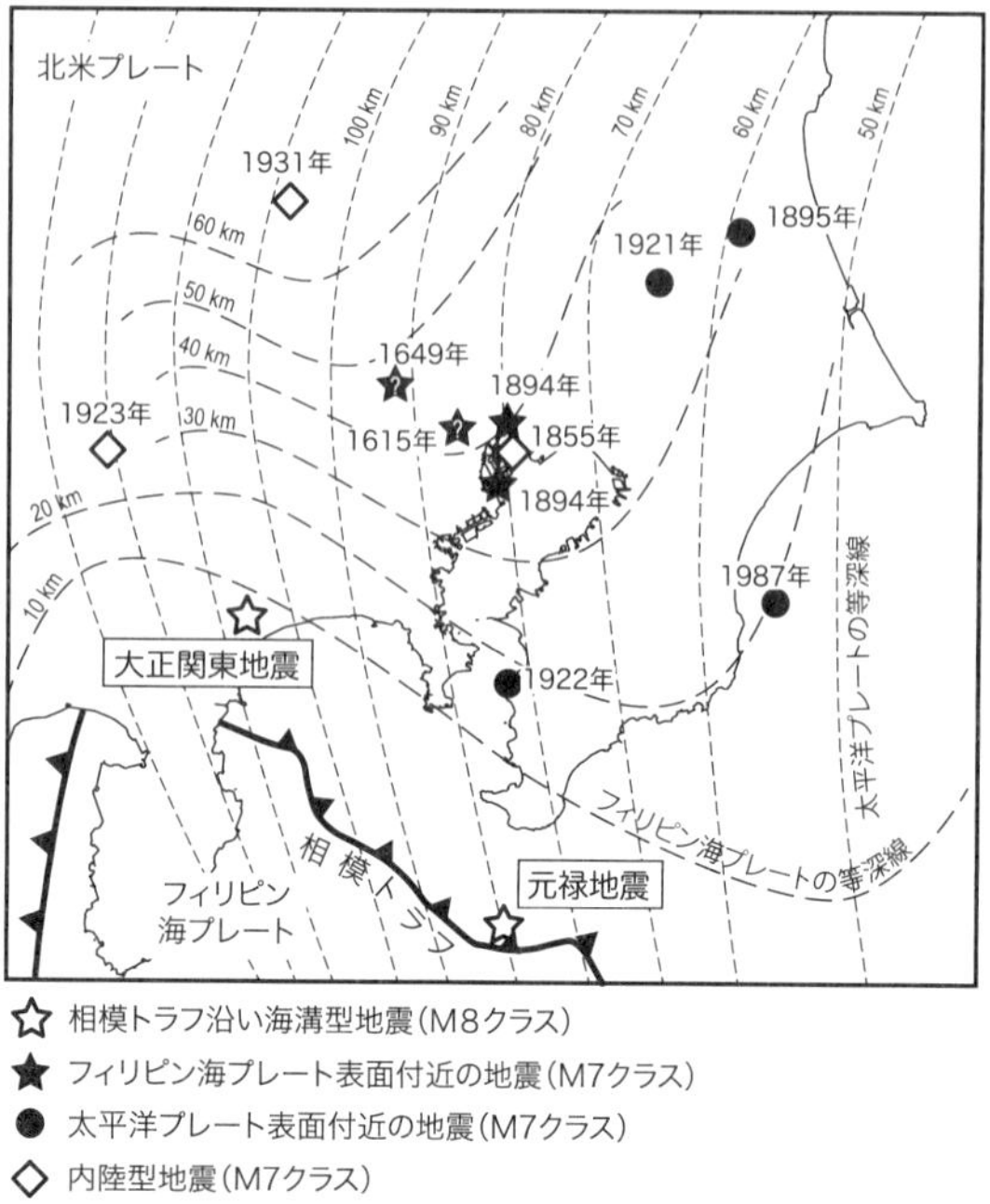

図1−15　関東地方に沈み込む2つのプレートと直下型地震の発生

レートまでの等深線を描いてある。東京付近で見ると、太平洋プレートは100キロメートル程度の深さに存在しているが、フィリピン海プレートは50キロメートルにも満たない。これらの2つのプレートの表面付近でもプレートの破壊が起こり、地震が発生している。これらの発生メカニズムは海溝型地震のものとは異なる。千葉県から茨城県で発生する直下型地震は太平洋プレート表面で、一方で東京直下ではフィリピン海プレート表面付近で発生している。「直下型地震」とは呼ばれているが、先に述べた内陸型地震とは異なるものである。もちろん、2つのプレートから圧縮力を受ける関東地方には、浅い部分の活断層が活動する典型的な内陸型地震も発生する。最近の研究では、安政江戸地震もこのような内陸型地震である可能性が高いという。

関東地方は2つのプレートが重なり合うように沈み込んでいる地球上でも類い希な地域であり、これらと上盤プレートが複雑に絡み合って多様なタイプの地震を引き起こすのである。

第二章　日本列島の変動とプレートの沈み込み

日本列島のように、地震や火山活動それに地盤の隆起や沈降などが盛んに起こる場所を、「変動帯」と称する。かつては「造山帯」という言葉が好んで用いられたこともあったが、山並みを作る以外にも多種多様な変動が起こることから、現在ではその呼び名はあまり使われなくなった。プレートの分布や配置という観点で見ると、たいがいの変動帯はプレート同士の境界に位置する。一方で、プレートや大陸の真ん中は安定しているのである。日本列島周辺には4つのプレートが存在しているのであるから変動帯の代表格だ。ここでは、日本列島が変動する理由を考えることにする。

ここで断っておかねばならないことがある。

列島が変動する原因を知っておくことは私たち日本人にとって必須ではある。しかし一方で、これを飛躍のない論理をもって伝えることは、なかなか難しいことでもある。私の能力の無さによるのであるが、ややもすると難解になりがちである。そのことも考えて、第二章と第三章の章末には「まとめ」をつけることにした。どうしても読み進めることが難儀であれば、まずはまとめを読まれて第四章へ進んでいただいても結構である。

プレートテクトニクス――。1960年代に登場したこの「地球現象の捉え方」は、欧米では70年代後半には地球科学における支配的なパラダイムとなった。一方でわが国、特に地質学の分野では、プレートテクトニクスがその一部を否定したソビエト的な地質観を頑なに信奉する人たちの集団的な拒絶によって、プレートテクトニクスを受け容れるのに時間がかかってしまった。しかし現在では中学校の教科書にも載るようになり、新聞紙面にもしばしばこの言葉が登場するようになった。そのおかげで、この本の読者を含めて多くの人たちが、大陸が移動するのは図2-1に示すように海嶺などの「プレート発散（生産）境界」で作られたプレートが、日本列島などの沈み込み帯（「プレート収束境界」）で地球内部へ潜り込むことが原因であることをなんとなく知るようになった。

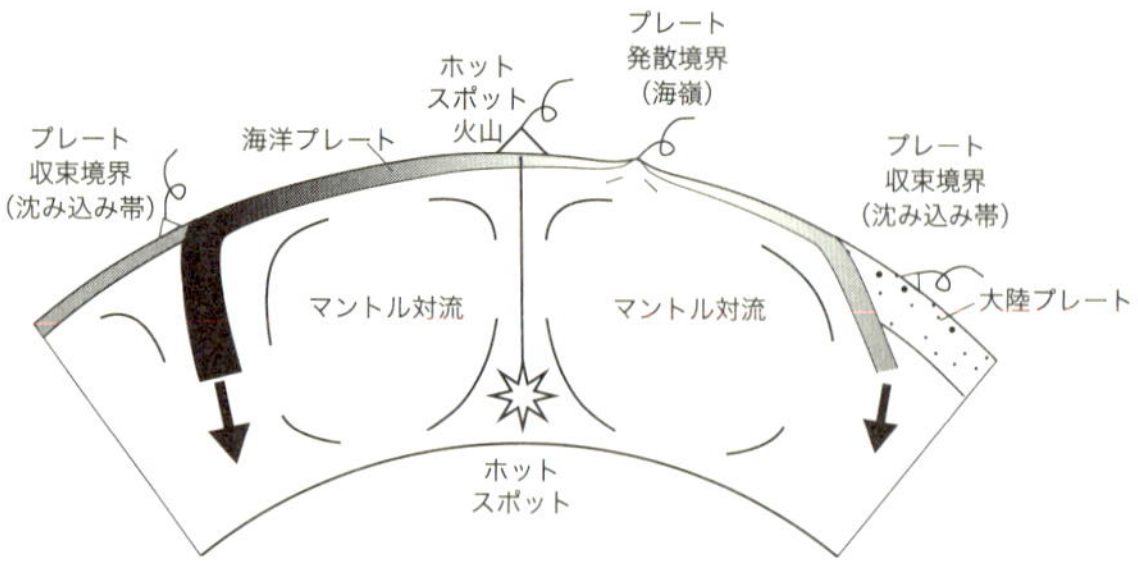

図2-1　プレートテクトニクス

プレートテクトニクスの解説は他の本に頼むとして、ここでは多くの方が誤認していることや、よく承知していないと思われる点についてまとめておくことにする。

プレート運動は回転運動

現在の地球表面は十数枚のプレートに覆われているのであるが、簡単にするために2つのプレート、AとBだけがあるとする（図2-2）。図に示すように、プレート同士が接する境界の形態には3つの種類がある。

「トランスフォーム境界」とは、おもちゃや映画でおなじみの「トランスフォーマー（変容する者）」よろしく、ずれている境界が、ある所を境に全くずれを起こさない状態に姿を変える断層である。このような境界ができるのは、もともとプレートが割れる時に、割れ目が少しずつずれてギザギザに発達することに原因がある。

「発散境界」は2つのプレートが離れると同時に、そこでプレートが誕生する場所である。ここで作られた2つのプレートは両側へと移動する。一方で、地球の表面積は一定であるのだから、発散境界で誕生した2つのプレートのうちの1つ（図では、プレートB）が、もう一方（プレートA）の下へと潜り込んでいる。この場所では、2つのプレートが互いに近づき合っているので「収束境界」、または「沈み込み帯」と呼ぶ。

さて、仮に地球が平板だったとする（図2-2a）。私たちは地球がこんな姿をしていないことは百も承知ではあるが、平面地図を見なれているせいか、このように錯覚しがちだ。平板地球では2つのプレートが表面を隙間なく覆っているために、発散境界でも収束境界でも、二つのプレ

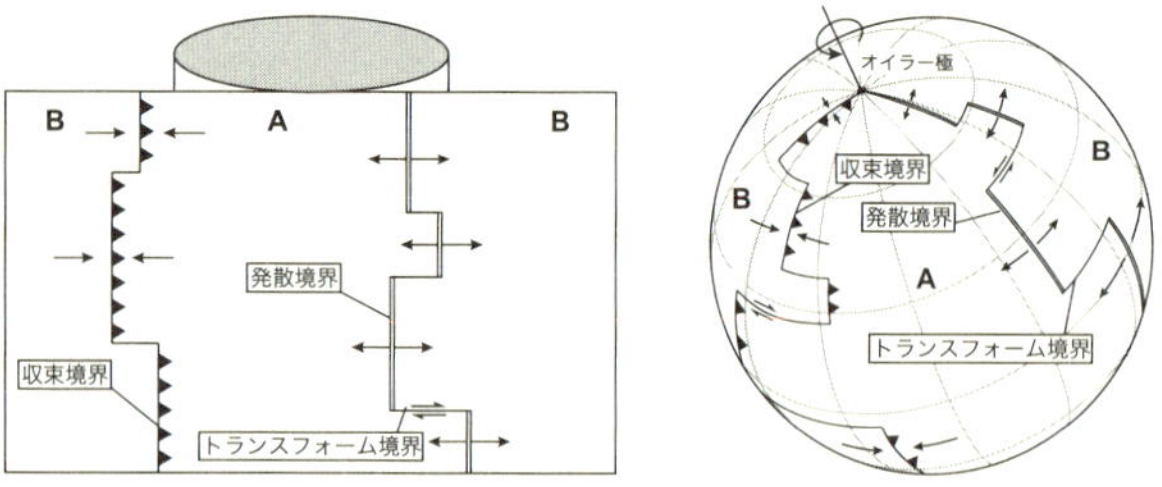

(a) 平面的な地球　　(b) 球形の地球

図2-2　プレートの運動

ート間の移動速度は、境界に沿って一様である（図の矢印の長さに注目）。

　しかし実際の地球の表面は平板ではない。球面上をプレートが移動するために、その運動は球の中心を通る1つの軸の周りの回転運動となるのである。このことは図2-2bによって直感的に理解できるであろう。この回転軸と球面の交点を「オイラー極」と呼ぶ。いくつもの定理や公式を生み出した18世紀の偉大な数学者・物理学者であるオイラーが、この球面上の運動に関する定理も見いだしたからである。図2-2bでは、プレートAに対するプレートBのオイラー極を示してある。球面での回転運動であるのだから、オイラー極からみた赤道上でプレート運動の速度は最大となるはずである（再び、図の矢印の長さに注目）。日本列島に大きな影響を与えている太平洋プレートを例にとると、日本海溝と伊豆・小笠原・マリアナ海溝で運動速度が違っている（12ページ図1-1）のもプレート運動が回転運動である証拠である。ちなみに、日本海溝付近は地球上で最も高速でプレートが押し寄せている場所の1つである。

　つまり、日本列島が激しく変動している理由の1つは、地球が丸いことなのである。

プレートの底と「モホ面」

読者の中には、高校で習った「モホ面」という言葉をまだ覚えている人もいるかも知れない。現在のクロアチアの地震学者モホロビチッチは、大陸の地下数十キロメートルの所に、地震波が大きく屈折して反射する面があることを発見した。20世紀初めのことである。その後、このような境界面はほぼ普遍的に地下に存在することが明らかとなり、彼の名を冠した名前が用いられるようになった。

地球はゆで卵にたとえられることが多い。その殻と白身の境がモホ面に相当する。地球では、モホ面より浅い部分を「地殻」、深い部分を「マントル」と呼んでいる。地殻はまさに地球の殻に相当し、マントルという語はマント（外套）と同源で固体地球を包み込むイメージである。モホ面の深さ、つまり地殻の厚さは海洋域ではほぼ6キロメートルと一定であるのに対して、大陸の下では30〜80キロメートルと厚く、しかも変化に富む。

地震波の伝わり方が不連続に変化するのは、その面を境に物質の性質が急変するためである。モホ面では地殻とマントルを構成する岩石の組成にギャップがある。地殻の深い部分とマントルとでは二酸化ケイ素量に10％もの違いがある。しかも他の元素の含有量にも差があるために、モホ面を境にして物性が急に変化するのである。例えば地震波の伝播速度に大きく影響する密度は、地殻の底では1立方センチメートル当たり3グラム以下であるが、マントルでは3・3グラムを超える。

　ところで、岩石の名前を多用すると、どうも多くの読者の不評を買ってしまう。もうすでに第一章でもいくつか使ってしまったが、ここで、たった8つだけ頭の片隅にとどめておいてほしい名がある。よしんば消え去っても、表2-1を見ていただければ結構である。この表には、地球内部の物質が融けてできたマグマが固まった岩石（火成岩）について名前と組成の関係を示してある。火成岩はマグマの固まり方によってまず2種類に区分する。ゆっくり冷え固まったものは「深成岩」、溶岩のように急速に冷却したものが「火山岩」である。前者は大きく成長した結晶からなるのに対して、後者では目には見えないほど細かな結晶や急冷ガラスの中に斑状にやや大きな結晶が散在している。

　さらに化学組成の違いによって分類する。固体地球の中で一番多い成分は二酸化ケイ素（SiO_2）であるから、岩石の化学組成の違いを表す指標として二酸化ケイ素含有量を用いることが多い。少し名前の由来も紹介しておく。典型的な産地に由来するものは、コマチアイト（南アフリカ共和国のコマチ川）、安山岩《あんざんがん》（アンデス山脈、つまりアンデス石の当て字）、玄武岩（兵庫県城崎温泉近くの玄武洞）である。

二酸化ケイ素量（重量%）	40	50	60	70
火山岩	コマチアイト	玄武岩	安山岩	流紋岩
深成岩	橄欖岩	斑糲岩	閃緑岩	花崗岩

表2-1　岩石化学組成と名前

糲《れい》（黒米・玄米）のような黒い鉱物が斑点のように見える斑糲岩《はんれいがん》、全体に深緑色で鉱物がキラキラ輝く閃緑岩《せんりょくがん》、流れるような紋様が発達する流紋岩など、その岩石の組織・紋様を表した名もある。橄欖《かんらん》とは、鮮やかな緑色の実をつけるオリーブに似た柑橘系の木であり、緑色の橄欖石（宝石名ペリドット）が大部分を占める岩石を橄欖岩と呼ぶ。花崗岩の名前の由来は定かではないが、中国で綺麗な紋様のある岩石を花石と呼んでいたことから、美しくて硬い（崗）石という意味だという説もある。

話を戻そう。マントルを構成する岩石はと言えば橄欖岩。そして海洋地殻は玄武岩質の岩石（玄武岩・斑糲岩）が造る。大陸地殻は多種多様な岩石が占めるが、全体としては二酸化ケイ素の含有量は60％程度、つまり安山岩質の組成である。ただここで白状しておかねばならぬことがある。私たち人類は、未だかつてマントルどころか、地殻の深い所にある石を直接採取して調べたことはないのである。病院にあるCTと同じ原理で、X線の代わりに地震波を用いて探ったり、検便よろしく地殻深部やマントルが融けてできたマグマやそのマグマが運んでくる岩石を調べたりした結果を「総合的に判断して」推定しているにすぎない。今のところこの推定でつじつまが合わないことはないが、地底探査はやはり人類最大の夢の1つである。余談だが、かの有名なジュール・ベルヌの冒険小説は、『地底旅行』と訳されるが、原題は“Voyage au centre de la Terre（地球の中心への旅）”である。

さてここで、プレートとモホ面の関係を述べておかねばならない。なぜならば、きっと世間では、地殻とマントルの境界であるモホ面がプレートの底に相当すると思われているからである。しかし、地殻＝プレートは誤認である。

誤解を解くために、まず地殻の成り立ちを簡単に説明する。前述のように地殻には2種類つまり海洋地殻と大陸地殻があり、両者は組成が異なる。その原因はでき方の違いにあるが、ここではプレートの誕生と密接に関係する海洋地殻について述べることにする。海洋地殻が誕生するプレート発散境界では、地下深部（おおよそ200キロメートル。この深さの意味については後述）からマントル物質が上昇してくる。その結果としてマグマが発生する。これは、マントル物質の融点は圧力と共に高くなる、つまり深い所では融けていない物質も浅い所まで上がってくると融点が下がって融け始めるからである。なぜこんな融点と圧力（深さ）の関係があるのか？　物質は高圧にさらされると縮むことで耐え忍ぶ。一方で、上部マントル程度の条件では物質は融けると体積は増加する。つまり、融けることは高圧下で縮もうとする対応に逆行する現象なのである。だからこそ、圧力がだんだんと大きくなっても努めて融けないように振る舞い、その結果融点が高くなるのである。

さて、マントル橄欖岩が深い所から上昇してきて融けると、たいがい玄武岩質のマグマが発生する。マグマとは地球内部を成す岩石が融けたものである。そしてこのマグマは周囲の固体のマントルよりも軽い。このように多くの物質は融けると軽くなる。私たちがよく知っている氷と水の関係、つまり固体の方が体積が大きく軽いという性質は極めて例外的なのである。かくしてマグマはマントルから分離して上昇し、地殻の中にマグマ溜を形成する（図2-3）。このマグマ溜から噴出した溶岩や、マグマがゆっくり固まってできた斑糲岩が海洋地殻を形作る。こうしてでき上がった玄武岩質の地殻と、橄欖岩からなるマントルの境界こそがモホ面なのである。

一方、「リソスフェアー（岩圏）」とも呼ばれるプレートは硬くて一枚の板（剛体）として振る

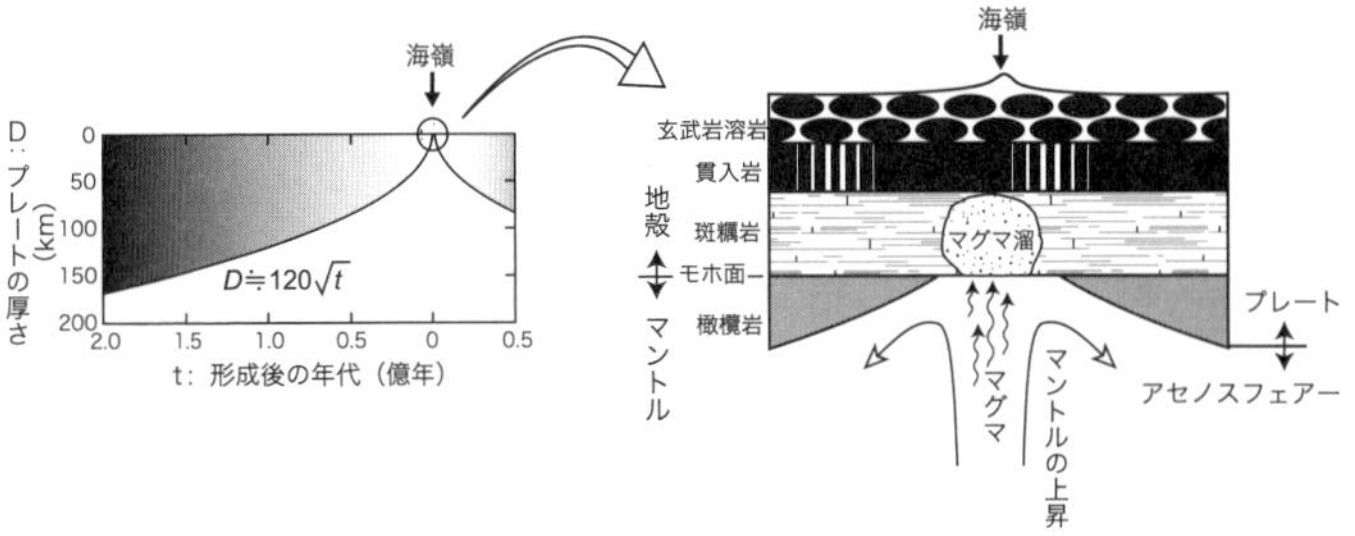

図2-3　プレートの実態と進化。プレートとアセノスフェアーの境界はモホ面（地殻とマントルの境界）ではなく、マントルの中に存在し、その深さは温度が決めている。海嶺で誕生した海洋プレートは、時間が経って海嶺から離れると冷えて厚くなる。海洋地殻は、海嶺でマグマが固化したものである。

舞う。そして、その下には「アセノスフェアー（弱圏）」という軟らかくて流動する部分がある。つまり、プレートとは組成ではなく力学的な特性で決まっているものなのである。ではその力学的特性は、何が支配しているのであろうか？

物質の軟らかさ・硬さは「粘性」という尺度で表される。鉄は熱いうちに打て、のたとえのように、灼熱に熱せられた鉄は融けていない固体であっても軟らかく、鎚で打つと形を変えることができる。無論常温ではかなわないことである。つまり、固体物質は温度が上がると軟らかくなり、逆に冷えると急に硬くなる。この関係を科学者は、粘性は温度に指数関数的に反比例すると表現する。地球の物質でもこの関係は成り立つ。そのために、冷たい地球表面に近い浅い部分には高粘性の硬いプレートが形成され、その下には粘性が低くて軟らかいアセノスフェアーが流れている。あえて数値で示すと、プレートの底はおおよそ１０００℃の温度に相当する。この温度の前後で岩石の粘性が大きく（指数関数的に）変化するのである。つまりプレートの底は温度によって決まっている。

プレートが誕生する海嶺の地下では、熱いマントルが上昇してきてマグマを作っている。そのために、地殻の直下にあるマントルの最上部でも1000℃以上の高温である。このような状況下では地殻やマントルは剛体プレートとして振る舞うことができない。つまりプレートの厚さはほぼゼロである（図2-3）。しかし、このような部分も時とともに海嶺から遠ざかって行くと、海洋地殻とマントルの上部付近の温度は低下する。この冷却に伴って1000℃の温度が分布する場所がどんどんと深くなり、その結果プレートはだんだんと厚くなるのである。プレートの厚さDは海嶺で誕生してからの時間tの平方根（ルート）に比例することが知られている（図2-3）。

これでお判りいただけただろうか？　プレートの底、つまりアセノスフェアーとの境界はモホ面ではなくマントルの中に存在する。プレート＝地殻ではないのだ。

プレート運動の原動力

運動するプレート同士の鬩ぎ合いが、プレート境界に多様かつ大きな変動を引き起こす。プレートテクトニクスの根幹を成す考え方である。ではプレート運動はなぜ起こるのか？　多くの高校の教科書には、マントル対流がプレートを引きずっていることが原因だとの記述がある。この場合にはマントル対流の湧き出し口が海嶺、下降域が沈み込み帯（海溝）に相当する（図2-4

(a)

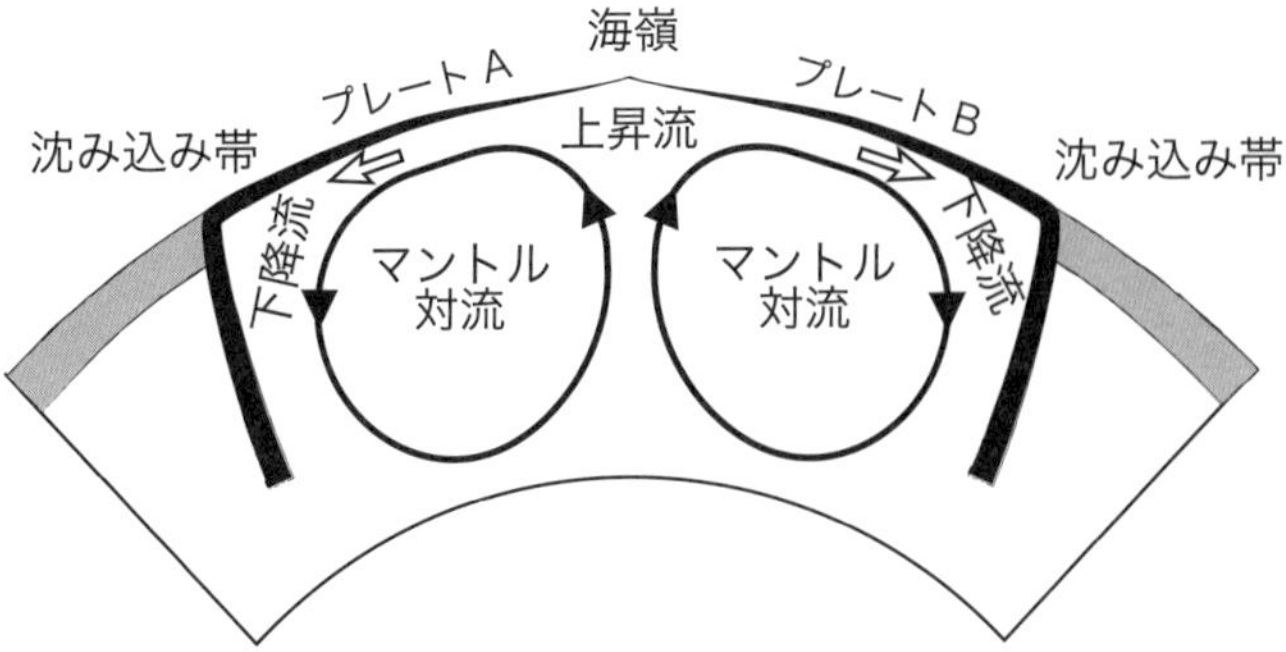

(b)

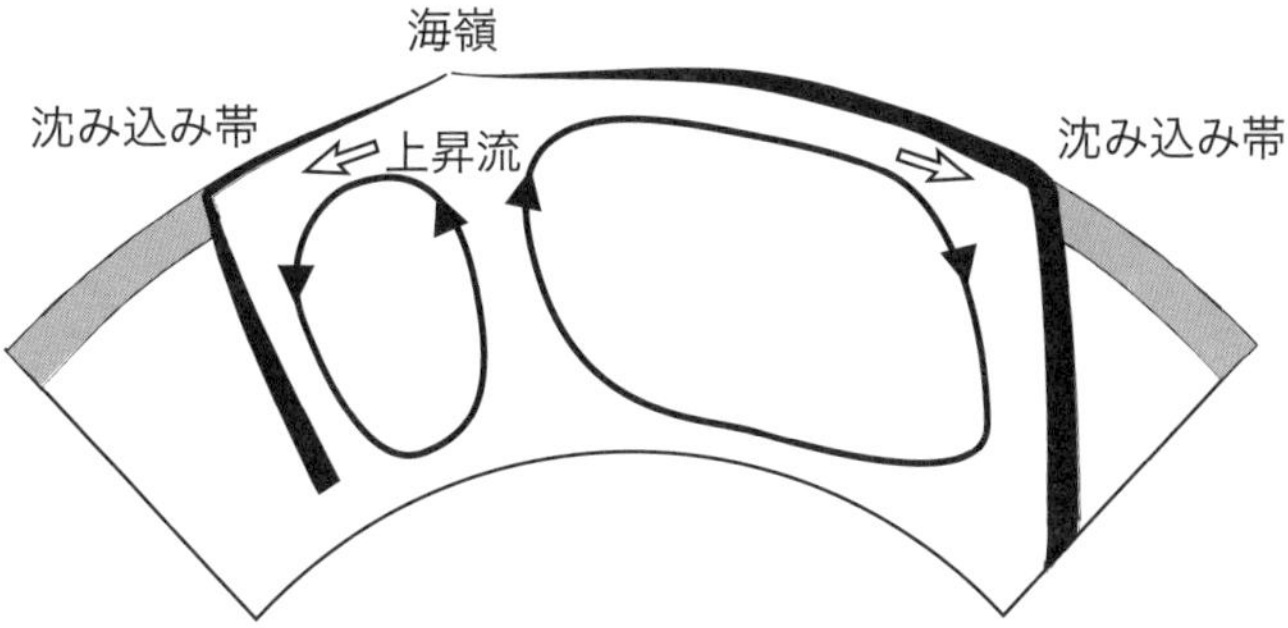

図2-4　マントル対流がプレート運動の原動力とする考え。この場合、(a) に示すように海嶺がマントルの上昇流域、沈み込み帯が下降流域に対応する。地球では (b) に示すように、海嶺は固定しているのではなく移動し、沈み込むことがある。この場合マントル対流の形状がいびつになり、しかも下降流と上昇流が重なるという不合理が起こる。したがって、マントル対流がプレート運動をひきおこしているわけではない

a)。世間でもこのイメージが定着しているように思える。しかしこの直感的に受け入れやすいメカニズムには重大な欠陥がある。それは、「海嶺が海溝から沈み込む」現象と相容れないことである。海嶺が沈み込むとはいかにも想像し難い現象だが、図2－4で説明してみよう。今、海嶺で2つのプレートAとBが作られているとする（図2－4a）。両者の運動速度が同じであれば海嶺はずっと固定されているのであるが、現実にはこの海嶺が例えば図の左側へ移動して、ついには大陸プレートの下へ潜り込むことがある（図2－4b）。もし海嶺の下にマントル対流の上昇流が存在するならば、それが下降流域（沈み込み帯）と重なることはいかにも不具合である。また図に示すように、このようなことが起こると、マントル対流の形がいびつに変わってゆかねばならないことも奇妙である。海嶺の沈み込みは現在では南米チリ沖が唯一の例であるが、地球史を通じては普遍的に起こってきた現象なのだ。日本列島も過去に何度もこれを経験し、その都度大規模な変成作用や花崗岩体の形成が起こった。例えば今からおおよそ7000万〜1億年前にもこの事件が起こり、先に触れた「宮水」の母なる花崗岩が西日本の広い範囲で作られたのである。

プレートの沈み込む場所がマントル対流の下降流域でもあることは間違いない。では上昇流は一体どこにあるのか？　地震波を用いて地球内部のCT画像を作ってみると、南太平洋ポリネシアの直下にマントルの底から湧き上がる巨大な上昇流があることが解ってきた。しかもこの地域には、プレートの真ん中にもかかわらず多くの火山島が密集しているのである。これらの火山を作るマグマは、マントルの深い所にある「ホットスポット」と呼ばれる文字通り温度の高い部分に由来する。このようなホットスポット密集域がマントル対流の上昇流域に対応していると考えてよい（図2－1）。

マントル（アセノスフェアー）の流れがプレートの運動を引き起こしているのではないことは納得いただけただろうか？　ではプレートはなぜ動くのか？　その原動力は沈み込んだプレートにある。

固体地球の表層を覆うプレートは、その下に広がるアセノスフェアーに比べて冷たい。冷たいからこそ硬くなり、プレートとして振る舞うのだ。物質は冷たくなると収縮し密度が増加する、つまり重くなる。お風呂で表面付近のお湯がやたら熱いのは、熱くて軽いお湯が表面に、冷たくて重いお湯が下に溜まっているからである。同じ理屈で、重くなったプレートはアセノスフェアーの中へと落下して行く（図2－1）。いま、さも解ったように書いてしまったが、実は最初にどこでプレートが沈み込み始めるのかは未だによく解ってはいない。この問題は後にもう一度考えるとして、ここでは、重いプレートが地球内部に向かって落っこちている状態から話を始めよう。

この状態では、プレートとアセノスフェアーとの密度差が原因で沈み込んでいる部分のプレートには下向きに引っ張る力が働く。プレートは変形しない剛体であるのだからこの力はプレート全体に働き、プレートを沈み込み帯に向かって動かすこととなる。結果、発散境界では海嶺から離れるようにプレートは運動する。たとえると、中央にナイフで軽く切り込みを入れたテーブルクロスの垂れた部分を強く引っ張ると、机上の切り込み部分でテーブルクロスが破けるのと同じように、海嶺ではプレートが裂けているのである。地球の表面積は一定でなければいけないので、表面を覆っているプレートが破れた隙間は何かで埋め合わさねばならない。その役目をするのがマントル物質の上昇とマグマの発生・固化、つまり海洋地殻の形成だ。したがって、海嶺下におけるマントルの上昇流はそれ自身がプレートを動かす「能動的」なものではなく、プレート運動の結果として起こる「受動的」なものと言うべきである。この受動的な上昇流はホットスポット域での全マントル規模の上昇流と比べて規模が小さく、先にも述べたように200キロメートル程度のスケールである。

プレートの沈み込み様式

海嶺で誕生したプレートは、地球内部へと潜り込んで地球表面から消え去る運命にある。その場所が沈み込み帯（海溝）である。そして、第一章で概観したようにこのプレートの沈み込みに伴って、様々な変動が起こっている。日本列島は4つのプレートが集まっている地球上でも珍しい場所である。これに加えてそれぞれのプレートが強い個性を持っているために、実に多様なプレート間の相互作用、その結果としての変動が起こっているのである。

最も大きな個性の1つが、沈み込むプレートと沈み込まれるプレートの違いである。日本列島の下へと沈み込んでいるプレートの1つは、おおよそ2億年くらい昔に太平洋の真ん中で作られた太平洋プレート。もう1つはこれよりはずっと最近に、太平洋の西の縁で誕生したフィリピン海プレートである。いずれも海嶺で作られた「海洋プレート」である。一方で大陸を含むという理由で「大陸プレート」と称される北米プレート、そしてユーラシアプレートは、沈み込まれる側である。しかし実は、ユーラシアプレートの一部も北米プレートに対してわずかではあるが沈み込み始めていると言われている。そしてこの収束境界で1983年の日本海中部地震（震源は秋田県能代沖）や1993年の北海道南西沖地震（震源は奥尻島北西沖）などが発生したと考えられている。近い将来、とは言っても1000万年ほどすれば、東北日本はその両側からプレートが沈み込む、地球上でもあまり例を見ない特異な変動帯へと変貌する可能性がある。

	西南日本	東北日本	伊豆・小笠原・マリアナ
沈み込み角度	20度以下	約40度	60度以上
沈み込み速度(mm/年)	45	80	60
沈み込むプレートの年齢	2000万年	1億5000万年	2億年
上盤プレートの運動	前進	前進	後退
付加体	発達	未発達	未発達
海溝型巨大地震	有	有	無
上盤プレートの応力状態	圧縮	圧縮	伸張
カップリング	非常に強い	強い	弱い

表2-2　日本列島における沈み込み様式

日本列島周辺の主要な沈み込みは、千島海溝–日本海溝–伊豆・小笠原・マリアナ海溝からの太平洋プレートの沈み込みと、相模トラフ–南海トラフ–琉球海溝でのフィリピン海プレートの沈み込みである。しかしこれらの沈み込みも、決して一様に起こっている訳ではない。むしろ、それぞれの場所での沈み込み様式の違いが日本列島の多様な変動を引き起こしていると言った方がよい。ここでは、沈み込むプレートの個性が沈み込まれるプレートにどのような影響を与えているのかをサマリする（表2–2、図2–5）。

太平洋プレートとフィリピン海プレートの沈み込みを比べると

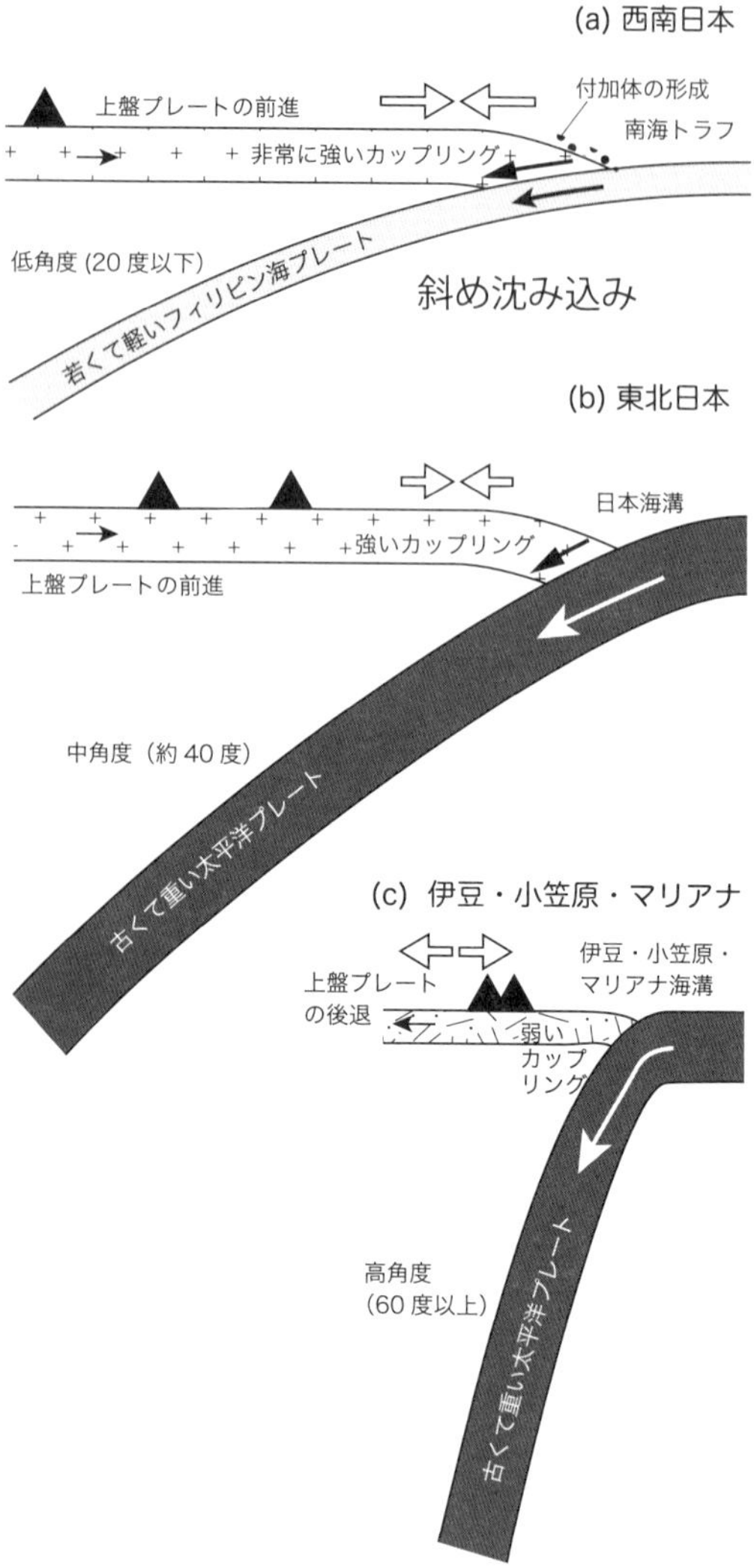

図2-5　日本列島で見られる3つの沈み込み様式

まず気づくことがある。それは、沈み込み角度の違いである。沈み込んだプレートの形状を正確にイメージすることができるのは、日本列島全域に世界で最も稠密に配置された地震観測網のおかげである。その結果によれば、フィリピン海プレートの沈み込みは20度以下と緩いのに対して、太平洋プレートは東北日本の下ではおおよそ40度、伊豆・小笠原・マリアナでは北部の伊豆半島付近では60度ほど、南ではだんだんと急になりマリアナではほぼ垂直に落下している。このような沈み込み角度の違いを引き起こしている最大の要因は、プレートの年齢である。

フィリピン海プレート、その中でも南海トラフから沈み込む「四国海盆」と呼ばれる部分は、平均年齢がわずか2000万年と、世界中の沈み込むプレートの中でも最も若いものの1つである。この部分のフィリピン海プレートは、この章の最後に述べるように西南日本の沖で誕生したものである。こんな生まれたてのプレートはまだ十分に冷えきっているはずもなく、したがって地球深部へ向かって落下、すなわち高角度で沈み込むことができない。一方で、日本海溝ー伊豆・小笠原・マリアナ海溝では、恐竜が世の中を席巻し始めたジュラ紀初めに太平洋の中央部で誕生した、地球上で最古の太平洋プレートが沈み込んでいる。このように十分に冷えきった重いプレートが沈み込む場合には、当然その角度も急になる。

それでは、太平洋プレートの沈み込み角度が、東北日本と伊豆・小笠原・マリアナで大きく変化するのもプレートの年齢のせいだろうか？　たしかに太平洋プレートは伊豆・小笠原・マリアナでは約2億年、東北日本では1億5000万年ほどの年齢であり、東北日本でのやや緩い角度と調和的だ。しかしこの違いだけが原因ではなさそうである。なぜならば、もうこの辺りの太平洋プレートは十分に古くて冷たくなっているので、重さはそれほど変わらないと考えられるからである。むしろ、沈み込まれる側の上盤プレートの運動に原因がありそうに思える。伊豆・小笠原・マリアナでは、上盤プレートであるフィリピン海プレートが海溝から遠ざかる、言い換えると後退するのに対して、東北日本ではユーラシアプレートと、それに圧されるように北米プレートも日本海溝に向かって前進している。このことが原因で、東北日本では沈み込み始めた太平洋プレートを固定して支えるような力が働いているのに対して、伊豆・小笠原・マリアナでは、プレートが自由に落下しているのではないかと推察する。このような上盤プレートと沈み込むプレートの相互作用は「カップリング（結合）」と呼ばれている。イメージしやすい言葉ではあるが、その実態はまだよく解らない。

フィリピン海プレートが低角で沈み込む西南日本では、上盤プレートが前進、つまり海溝側へ運動していることもあり、2つのプレート間のカップリングはとても強く、お互いに押し合っている状態にある。そのために、沈み込むプレートの上や海溝に溜まった泥や砂などの堆積物、プレート状の突起物である海山などは簡単に沈み込んでしまうことができない。まるで、海側のプレートからはぎ取られて陸側の上盤プレートに掃き寄せられるように、ペタペタと陸側プレートに付着していく。このようにして「付加体」が成長する。日本列島を太らせて、多量の石灰岩を私たちに授けてくれているあの付加体である。高知市から室戸岬へ向かう海岸沿い、例えば手結《てい》海岸では見事な付加体を見ることができる。実はこの付加体、特に海溝近くの付加体の中には巨大地震を起こす地震断層が多数存在し、この断層が海底まで達すると大津波を触発するのである。一方で、日本海溝からマリアナ海溝までのプレート境界では、付加体はほとんど発達していない。

日本列島辺りにおける沈み込み様式の違いは、海溝型巨大地震の出来にも大きな影響を与えている。図1－13で示したように、日本海溝や南海トラフ沿いは巨大地震の巣である。それに対して、伊豆・小笠原・マリアナでは大地震はまれである。地震がなぜ起こるかは後に述べるとして、ここでは結論のみを述べておく。カップリングが強い場所では上盤プレートが引きずり込まれて、ある限界に達すると急激に跳ね返って断層運動が起きるのに対して、カップリングが弱いとずるずるといつも滑っているので、急激な変位は起こらないのである。

プレートが沈み込む時には、沈み込まれる側の上盤プレートを押す力が発生する。さらに、上盤プレートが海溝方向へ前進している東北日本や西南日本では、この圧縮力は大きくなる。このような圧縮力によって上盤プレート内に蓄積された「歪み」が、断層運動もたらす。ここで、断層の種類についてもう一度まとめておく（図2－6）。

圧縮力による歪みを地盤のずれで解消するのが、「逆断層」と「横ずれ断層」である。実際にはこの2つの複合型として断層は現れるが、上下動と水平動のどちらが卓越するかで分類する。一方で、引っぱり力（伸張力）に起因するものが正断層である。日本列島では二つのプレートが押し寄せてきているのであるから当然にして断層密集域である。断層の中でも、ここ200万年ほどの間に活動し、今後も活動を続けるであろう断層は「活断層」と呼ばれる。いわゆる「直下型地震」を起こす可能性のある断層である。図2－6に、陸域の主要な活断層の分布を示すが、

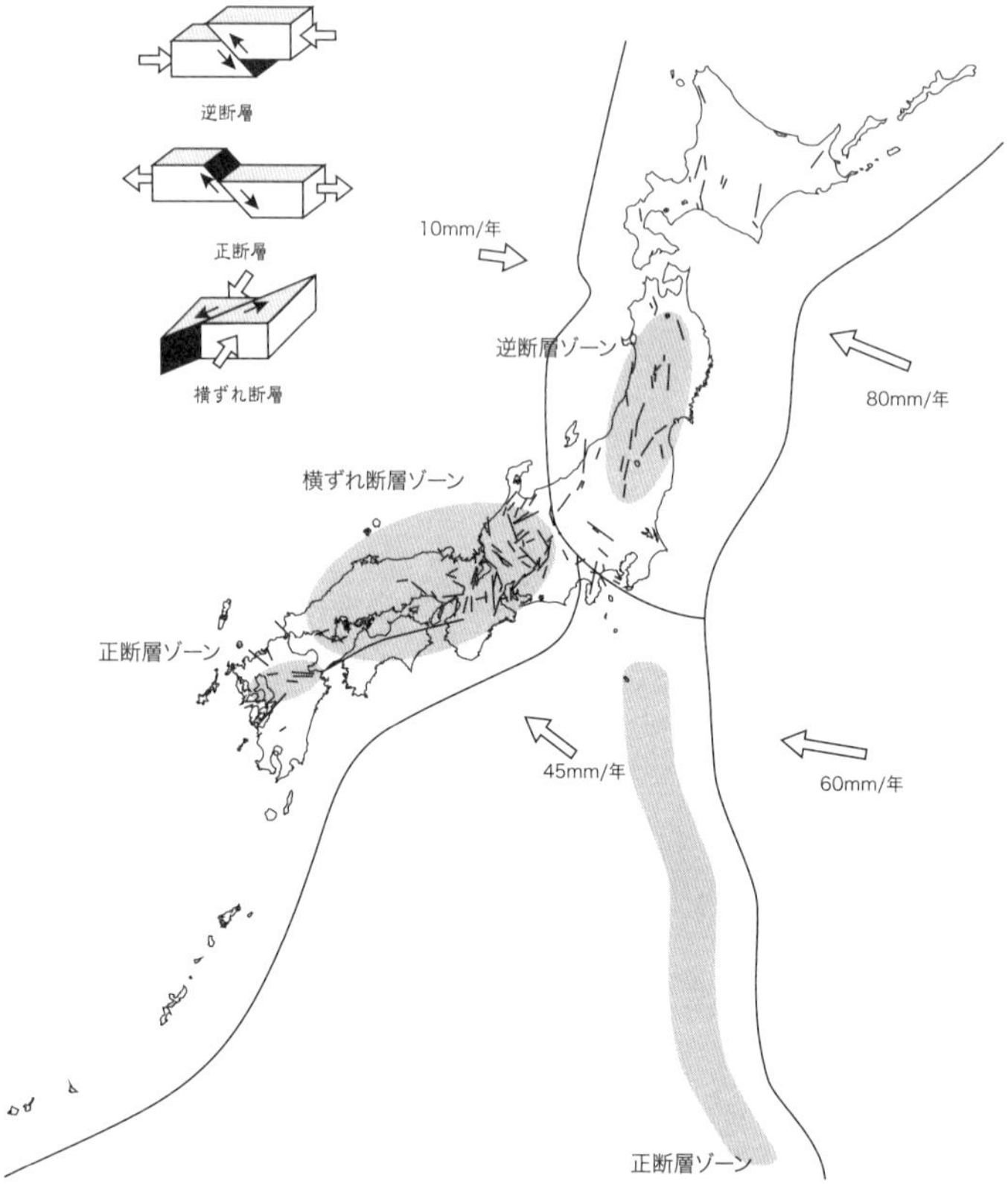

図2-6　断層の種類と日本の活断層

この図だけではなく、是非、活断層データベース（産業技術総合研究所、http://riodb02.ibase.aist.go.jp/activefault/）などで、住まい近くの活断層の位置を確認いただきたい。最近では、福井県の敦賀原発2号機の直下に位置する断層が、近くを走る主要活断層の1つである浦底断層から派生した活断層である可能性が高いと報道された（2012年4月25日）ことが記憶に新しい。

さて、活断層の分布と種類を見ると大きな特徴があることに気づく。それは、東北日本には逆断層が多く発達するのに対して、中部日本〜近畿・中国・四国地方には横ずれ断層が卓越していることである。東北地方では、南北に走る奥羽山脈と出羽山地が背骨を成すように「脊梁《せきりょう》山脈」を形成し、その間に数多くの盆地が形成されている。このような地形を作る原因の1つは、逆断層系の活動による山地の隆起である。東北日本では、太平洋プレートが日本列島に対してほぼ直角に沈み込んでいるために東西方向に圧縮され、地盤には南北方向の逆断層系が発達する。

一方西日本で発生した直下型地震、例えば1995年の兵庫県南部地震の震源となった六甲―淡路島断層帯や、1891年に起きた濃尾地震の震源断層である根尾谷《ねおだに》断層帯などは横ずれ断層である。フィリピン海プレートが西南日本に対してやや北西方向に沈み込んで、この方向に蓄積した歪みが地盤の破壊を起こすとこのような横ずれ運動が起こるのである。

これらの断層とは異なり、圧縮ではなく伸張力に原因のある正断層系は、カップリングが弱く上盤プレートが後退している伊豆・小笠原・マリアナの海域に典型的に分布している。さらにこの地域では、正断層系が大規模に発達した結果上盤地殻が割れ始めている所もある。マリアナトラフと呼ばれる地域では、このような「分裂」が今も続いている。また中部九州では、北部九州と南部九州が分裂して互いに離れるような運動が起こっており、これが原因で正断層系が形成されている。

なぜ地震と津波は起こるのか？

わたしたちが日本列島から甘受せざるを得ない最大の試練の1つ、それが地震である。日本は地球上最大の地震密集域なのである。その訳は、東北日本と西南日本の下に沈み込むプレートと上盤プレートの間のカップリングが強く、上盤プレート、つまり日本列島の地盤を強烈に押しているとことにある。こうして蓄積された歪みを解消すべく、地盤がずれる、つまり断層運動が起こり地震が発生するのである。以下、日本列島に働く力と断層運動の因果関係について考えてみることにする。

日本列島は圧縮されているから地震が多発すると表現したが、厳密に言えばこれは正しくない。なぜならば伸張力によって正断層が形成されても地震は起きるからである。

このことも考慮して、「応力」という言葉を使うことにする。応力が作用することで、地盤が変形したり断層運動が起こるのである。応力は英語ではストレス（stress）と言う。よく「最近ストレスが溜まってねえ」と聞くが、これは滑稽な表現である。ストレスは力であり決して溜まることはない。溜まるのは、「歪み（ストレイン：strain）」である。応力がかかると物質は歪み、その歪みが一定量を超えると破壊や変位が起こるのである。したがって、科学的に正しい表現を

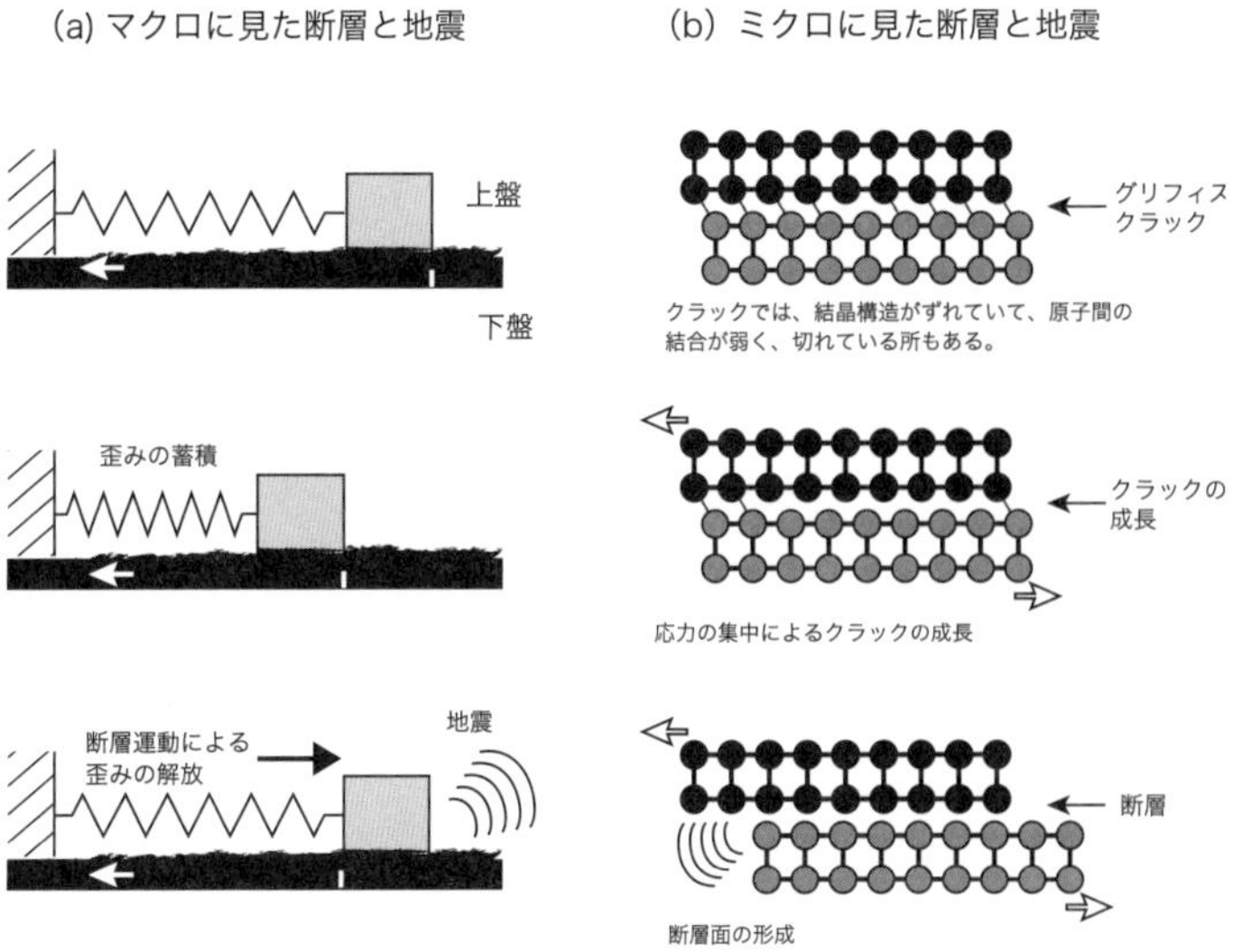

図2-7　断層運動と地震

するならば、「日頃のストレスのせいでストレインが溜まった」とすべきである。

　さて、応力がかかった時断層がどのような振る舞いをするかを考えてみよう。ここでいきなり断層を取り上げるのは、マクロに見てもミクロに見ても、地盤を構成する物質はいわば「傷だらけ」であり、応力がかかるとこの弱い所、即ち断層や割れ目（クラック）に力が集中するからである。まるで「弱いものいじめ」のような現象である。

　いま話を簡略化するために、断層面を境に2つの岩盤が接していて下盤が運動している場合を想定する（図2-7a）。実際にはどちらの岩盤にも力はかかっているのであるが、片方からもう一方を見ていると思っていただけるとよい。また下盤を沈み込むプレートに置き換えれば、海溝型巨大地震の発生をイメージすることも容易であろう。仮に断層面で全く摩擦がなかったとする。この場合には断層面はツルツルと滑らかに変位するだけ。これでは地震は起こりようもない。しかし実際には断層面に摩擦が働くために、上盤は下盤の動きとともに引きずられて移動する。移動するとは言っても、例えば海溝付近の上盤プレート全体、東北日本では北米プレートが、そして西南日本ではユーラシアプレート全体が移動する訳ではない。プレートの一部が変形しているにすぎない。プレートは硬い板で変形しない一枚岩である、と表現してきたが、それは巨視的に見た場合であり、局所的には変形するのである。そしてこの変形は無制限には起こらない。図2‐7aにバネで示したように、変形に伴う歪みが蓄積するとそれを解消するために反発しようとする。いわば、この反発力と摩擦力の兼ね合いが断層運動を支配しているのである。

単に「摩擦」と述べただけではなかなか実感が湧かないものである。そこで、断層面での「摩擦」についてもう少し詳細に眺めてみることにする。2つの物体が接している面には、その大きさは問わず必ず凸凹がある。そのために、面を境にした運動が起きる場合には凸凹が抵抗力を生む。これが摩擦の実態である。このような凸凹な表面の状態を「アスペリティー」と呼ぶ。もともとは材料工学で使われる指標であるが、地震断層に関して固着の程度が高い部分を表す言葉としても用いられる。凸凹を作る物質の強度も無論摩擦に影響する。簡単に摩滅するようなものでは凸凹は直ぐに平坦となり、滑り易くなるためだ。また当然ではあるが、凸凹面を覆うように滑りをよくする液体が挟まると摩擦は激減する。アイススケートで滑走できるのは、エッジにかかる体重（圧力）によって氷が溶けて水となり、摩擦が減少するからである。したがって、水などの流体の存在が断層運動、ひいては地震の発生に大きな役割を果たしていることは容易に想像できる。例えば、ある程度歪みが蓄積してはいるもののなんとかアスペリティーによって持ちこたえている海溝近くの断層に、沈み込むプレートから水が流れ込むことが地震発生の引き金となる可能性もある。

今度は、もう少しミクロに固体の変位を眺めてみることにする（図2-7b）。ここでは、断層付近の物質を構成する原子が、結晶構造を作って原子同士が手を繋ぎ合って結合している状態を模式的に示してある。結晶も決して完全ではない。ある所で原子の配列がずれて、部分的に結合が弱くなったり、結合が切れている「クラック」と呼ばれる部分が結晶内部に存在する。破壊現象に重要な役割を果たす数多くの微細なクラックのことを、このようなクラックの重要性を強調した英国の研究者の名を冠して「グリフィスクラック」と呼ぶ。クラックを持つ物質に応力が働くと、その応力はクラック部分に集中し、元々弱かった結合は完全に切れてしまう。このようにしてクラックが成長することで、破壊が進行するのである。

それでは次に、これまで述べた摩擦やアスペリティーのことを念頭において、断層面全体の動きと地震活動の関連を述べることにする。図2-8では断層の片側の面の状態を表している。この場合の断層は正断層、逆断層、横ずれ断層、どのタイプでもよい。ここに示した「安定滑り域」とは、摩擦が極めて小さく、歪みが蓄積されない部分である。海溝から沈み込むプレートと上盤プレートの接触面では、プレートがある程度沈み込むと温度が上昇し、物質が軟らかくなるために摩擦力は低下する。この領域では、上盤プレートがほとんど引きずられない状態となる。一方で、もっと浅い領域では固着が起こる。その中で特に固着が強い部分が「固着域（＝アスペリティー）」と呼ばれる領域だ。ここでは、先に述べたように、ある限界を超えると急激な変位、つまり断層運動が起こり地震が発生する。もちろんこの領域の中にも、よりしっかり固着した部分とそうでない小規模なアスペリティーが点在している。このような状況では、歪みが蓄積してくるとまず小規模なアスペリティーが耐え切れずにずれを起こし、これが周囲に伝搬して固着域全体が変位を起こすと考えられる。最初に滑りを起こして、巨大地震の引き金となる部分は、「滑り核」とよばれることもある。

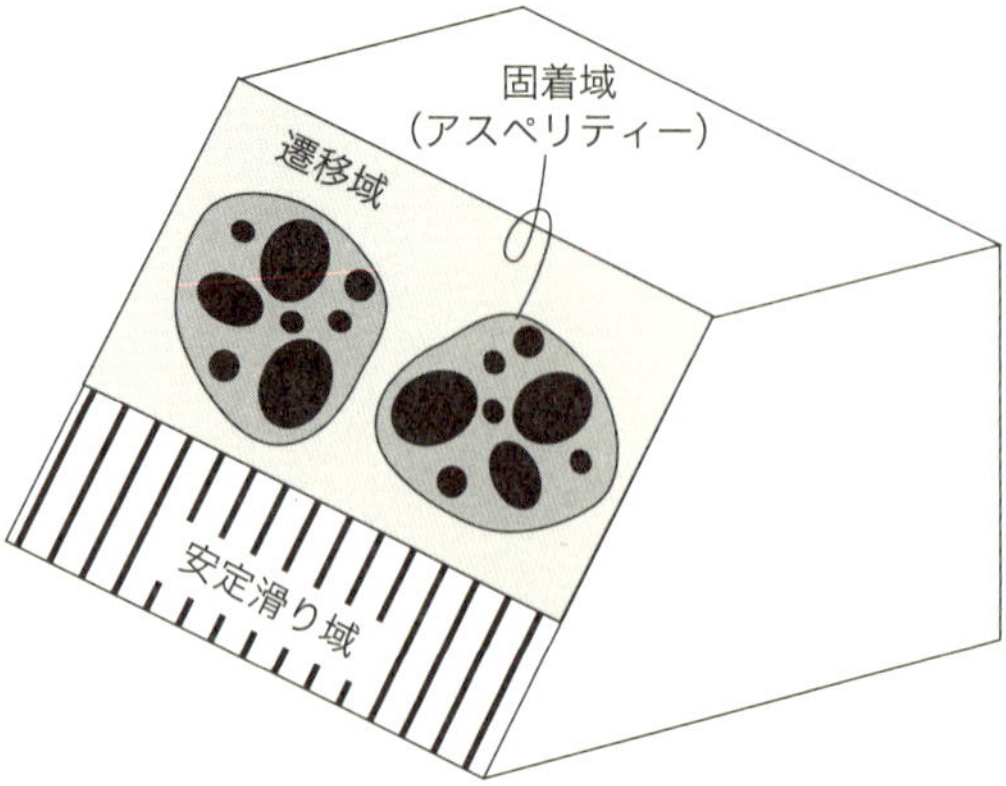

図2-8　断層の摩擦特性と固着域

3・11東北地方太平洋沖地震では、滑り核で始まった断層運動が数十キロメートル規模の固着域全体に及び、さらに周囲に存在する別の固着域でも断層運動が誘発されたために、超巨大地震に至ったと考えられている。南海トラフ域で想定される南海・東南海・東海連動型巨大地震でも、複数の固着域が連動して断層運動を起こすと考えられている。

このように、断層面における固着現象と地震発生には密接なつながりがある。しかし、固着の実態はよく解っていない。断層の形状、構成岩石の種類や組織、それに水などの流体の存在と歪みの蓄積・解放の関係を解明することが緊急の課題である。

また、固着域ほどではないが、ある程度固着している領域を図では「遷移域」と表している。ここでも断層運動は起こるが、大概それはあまり急激ではなくゆっくりと変位が進行する。もちろんこの場合でも地震が発生することもあるが、1年間で1センチメートル程度のゆっくりした変位に伴う地震であり、「スロースリップ地震」や「ゆっくり地震」と呼ばれている。また、GPSを用いた観測で変位は認められるものの地震動は発生しない場合もある。このようなものを「サイレントアースクエイク（沈黙の地震）」と称することもある。遷移領域でおこるスロースリップ地震などの変位と、固着域での巨大地震との因果関係はまだ覚束ない。今後解決すべき重要案件の1つである。

日本列島にはプレートの沈み込みに伴って応力が働き、その結果断層の変位が引き起こされ地震が発生する。この地震断層が海底に達して海水を大規模に持ち上げると津波を誘発する。ちなみに「tsunami」は英語としても用いられる。以前は、tidal wave（潮汐波）と呼ばれていたが、津波が月の引力による潮汐現象で起こる訳ではないので、不適切である。

もちろん、津波は地震の他に火山噴火や海底地滑りさらには隕石の衝突によって惹起される場合もある。第一章で紹介した「島原大変肥後迷惑」は火山噴火に伴う津波であった。巨大海底地滑りに伴う津波の例としては、紀元前6100年にノルウェー沖で起こった「ストレッガ・スライド」を挙げることができる。この時には、スコットランドでも海辺から約80キロメートル内陸部まで津波が押し寄せたことが堆積物の解析によって確認されている。一方でこの海底地滑りの原因はまだ不明である。海水準変動によって大陸斜面に大量に蓄えられていたメタンハイドレートが分解したことがきっかけだとする説と、大陸氷河の衰退による大陸の上昇が地震を引き起こしその結果斜面崩壊が起こったとする説がある。また、恐竜絶滅のきっかけとなったメキシコ・ユカタン半島沖への巨大隕石の衝突では、メキシコ湾周辺に高さ300メートルの津波が押し寄せたという。この場合隕石衝突によって押しのけられた海水が津波となったと考えがちだが、それはいかにも粗忽な考えらしい。海底に巨大な隕石孔《クレーター》が形成され、その窪地に大量の海水が一気に流れ込んだのが原因とのことである。

さて、地震津波について考えることにしよう。海底で断層が変位すると、その上にある海水が持ち上げられたり引っ張られたりするのが津波の始まりである。先の東北地方太平洋沖地震では、震源近傍から海溝にいたる幅数十キロメートルの領域が東西方向に約50メートル、上下方向に約10メートルも変動したと言われている。発生時にはそれほど大きくはない海面の変位も、津波が陸域に近づくにつれて波高は急速に増大する。その理由は、津波の伝わる速さが海底の影響を受けるために水深の平方根に比例することにある（図2-9a）。浅くなると津波の速度が低下し津波の前部分が遅れ出す。するとまだ速度が低下しない後ろ部分が重なることで、波長（津波の高まり部分）は水深の平方根に比例して短くなる。一方で、波長が狭まっても波高の2乗と波長の積に比例する津波エネルギーは保存される。これらの効果が相乗して、津波の波高は水深の4乗根に反比例することになるのである。つまり、水深2000メートルで発生した津波が50メートルの水深地点までやってくると、波高は約2・5倍に増幅されることになる。もう1つ、巨大津波が陸を襲う原因がある。それは、リアス式海岸のように湾の幅が奥へ行くにしたがって狭くなることである（図2－9b）。波高は湾の幅の平方根に反比例する。そしてさらに湾の水深が浅くなることでも波高は増幅される。例えば、右の水深50メートルを湾の入り口の値とし、湾の幅を1キロメートルとする。湾の奥では水深は5メートル、湾の幅を10メートルと想定すると、湾の中を進む間に津波の波高は約18倍となる。今述べた2つの効果を合わせると、津波の波高はつまり40倍以上に巨大化する。しかも、水深の影響で速度は落ちたとはいえ秒速数メート

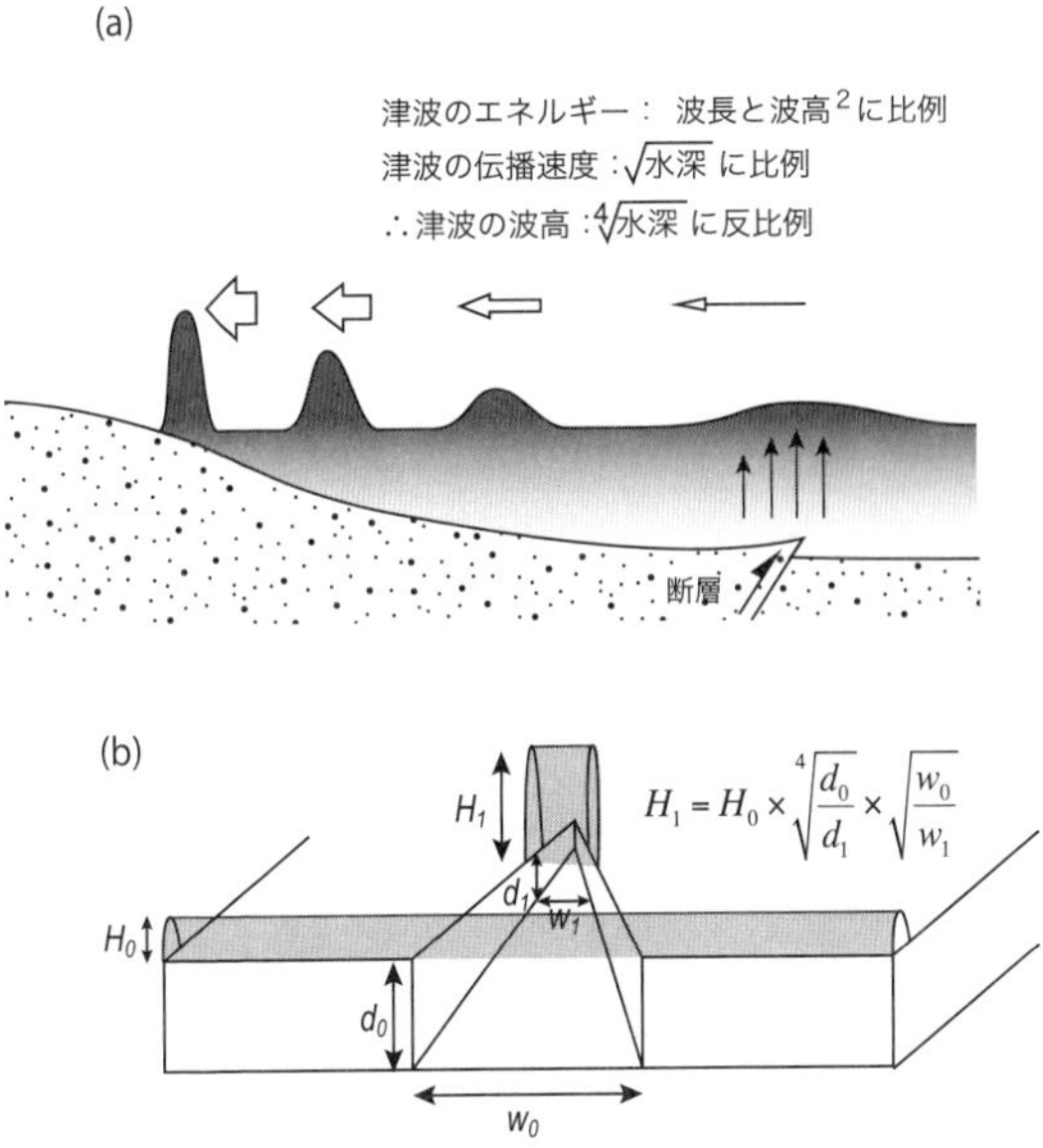

図2-9　津波が巨大化する2つの要因。陸に近づくと水深が浅くなること、湾が奥へ狭くなっていることが原因で津波は急激に高くなる。

ルで陸域を襲うのである。いかに津波が恐ろしいものか！　防波堤があるから大丈夫などという安心感は空虚である。

よく、津波は引き波で始まると言われる。津波の襲来の前に、海面が著しく低下することがあるからであろう。実際、先の東日本大震災でもこのような現象が見られた。しかしこれはいつも成り立つ訳ではない。海底の断層の運動様式によっては、最初に押し波が押し寄せることもある。例えば、１９８３年の日本海中部地震の際には、いきなり押し波が襲来した。俗説の類いを信じてはならない。

ついでに、少し他の俗説も紹介することにしよう。津波の前には井戸が涸れる、という話が三陸方面に伝わっているようである。現時点で「マグロ大漁イカ不漁」などという科学的根拠のない伝承とちがって完全に否定することはできないが、井戸に異変が見られないので大丈夫と安心することは甚だ危険である。一方で、三陸地方の伝承言葉である「津波てんでんこ（津波はめいめい）」の如く、津波が来たら他の者に構わぬくらいに急いで各自逃げるべし、という伝承は守るべきであろう。

なぜ火山は噴火するのか？

さて、次の試練は火山活動である。火山の噴火は、地下のマグマが原因で起こる。マグマが上昇してきて火山から赤熱の溶岩として流れ出す光景を頻繁に目にするためか、地球の中にはマグマが詰まっていると思い込んでいる人が多いようである。イラストなどで、地球の内部が真っ赤に塗られていることもこのような誤解が蔓延している原因かもしれない。しかしこれは大きな誤解である。地球内部の大概はれっきとした固体の状態にある。私たち地球科学者がそう確信する最大の根拠は地震波の観測結果にある。深さ2900〜5100キロメートルにある「外核」と呼ばれる部分を除いては、地震波の1つであるS波が伝わってくる。地震の揺れをおこす波には2種類ある。地震が襲来すると最初に感じるのが、ガタガタとした揺れ。これは、縦波（P波：primary wave：第一波）が原因。その後ユッサユッサと揺れを起こすS波（secondary wave：第二波）が襲ってくる。この波は物質の変位が伝わる横波であるために、液体の中は伝わることができない。固体と違って液体はずれを起こさないからである。したがって、S波も伝搬する地殻やマントルの大部分は固体の状態にあると考えてよい。

ちなみに、この2つの波が到達する時間の差を用いて、地震発生に際して即座に警報を発するシステムが、1980年代初めに国鉄鉄道技術研究所（当時）で開発された。「ユレダス」と呼ばれたこのシステムは、80年代末からは新幹線に次々と設置されるようになった。現在では同様の警報システムが「緊急地震速報」として用いられている（第四章参照）。

さて、その原因やメカニズムは後述するとしてとにかく地下でマグマが発生した、つまり地球内部の物質が融けたとする。先にも述べたように水以外のほとんどの物質は、溶融状態つまり液体のほうが固体よりも密度が低く軽い。したがって、例えばマントルで発生した玄武岩質マグマ

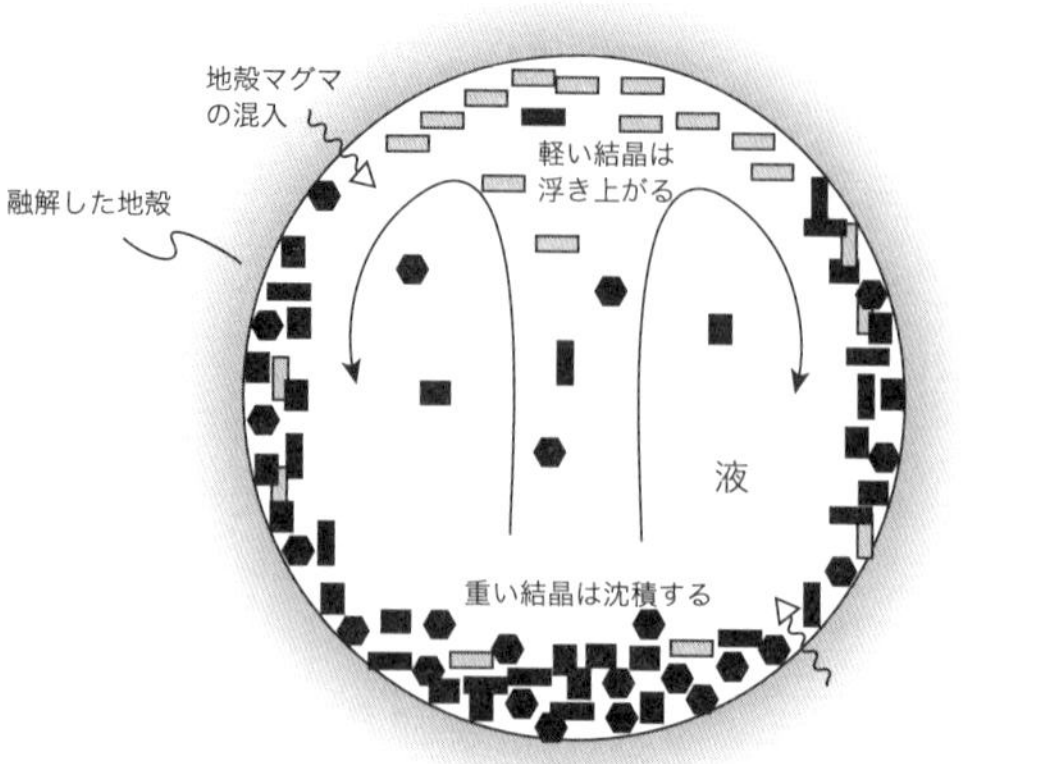
マグマ＝液＋結晶　（液と結晶は組成が異なる）
液＝マグマ－結晶　（結晶化の進行で液組成が変化）

図2-10　マグマ溜と結晶分化作用。結晶と液の組成が異なるために、マグマが冷えて結晶化が進むと液の組成は変化する。これを結晶分化作用とよぶ。この作用や、地殻マグマの混入によって、もともと玄武岩質であったマグマから、多様な組成のマグマが作られる。

は、まだその量が少なく鉱物の間に点在して閉じ込められている状態でなければ、固体から分離して上昇を始める。一方で、マントルの上にある地殻を組成する岩石はマントル物質よりも軽く、平均的には玄武岩質マグマと同程度である。そのために、マグマは地殻の中のある所で浮力を失い溜まる運命にある。かくして「マグマ溜」が形成されるのである。

　日本列島などの沈み込み帯では、それぞれの火山の下には2つのタイプのマグマ溜が存在するようである。1つは深さ十数キロメートルほどの所にあり、これは比較的大きい。直径数キロメートル程度であろうか。それに対してやや小型のマグマ溜がやや浅い所、火山の直下数キロメートルほどに位置する。場合によっては、小型マグマ溜は1つではなく複数存在することもある。このような火山の地下の様子は、地震や電磁気を使った観測や溶岩の特性を調べることで判ってきたものである。

最初にマントルから地殻へと上がってきた玄武岩質マグマは、1300℃に近い高温状態にある。しかし地表に近い地殻はずっと冷たい。そのためにマグマ溜の中でマグマはだんだんと冷却する運命にある。そしてこの時に結晶化が起こる（図2-10）。この現象は、マグマの多様性を生み出す要因として重要なものと考えられる。なぜならば、マグマから結晶化する鉱物と残液の化学組成は等しくないからである。仮にマグマが1つの成分、例えば二酸化ケイ素でできていたとすれば、結晶化する鉱物も残液も同じ組成であるはずである。しかし実際のマグマにはアルミニウム、マグネシウム、鉄、カルシウム、カリウムなどの様々な成分が含まれており、このような場合には、多様な化学組成を持つ鉱物が、異なる温度で結晶化するのである。したがって、結晶化が進むと液の組成もどんどんと変化して行くことになる。このような現象を「結晶分化作用」と呼ぶ。たとえると、塩水が零下数℃で凍り始める時には、氷には塩分は全く含まれず、液体部分はどんどんと塩分が多くなってゆく現象とよく似ている。マグマが結晶化する場合には、二酸化ケイ素は結晶よりも液体部分に多く含まれるために、結晶分化作用によって玄武岩質のマグマは、安山岩質、さらには流紋岩質へと変化して行く（66ページ、表2-1）。また、マグマ溜が冷えるということは周囲の地殻を熱することであり、その作用で地殻の一部が融解してマグマ溜へ混入することもある。

先ほど火山の下には深い所と浅い所に2種類のマグマ溜があると述べた。深いマグマ溜は比較的大きく、したがって冷えにくい。つまり結晶分化の進行も緩やかで、浅いマグマに比べてより未分化な（元々マントルでできた玄武岩質マグマに近い）組成を持っていることが予想される。一方

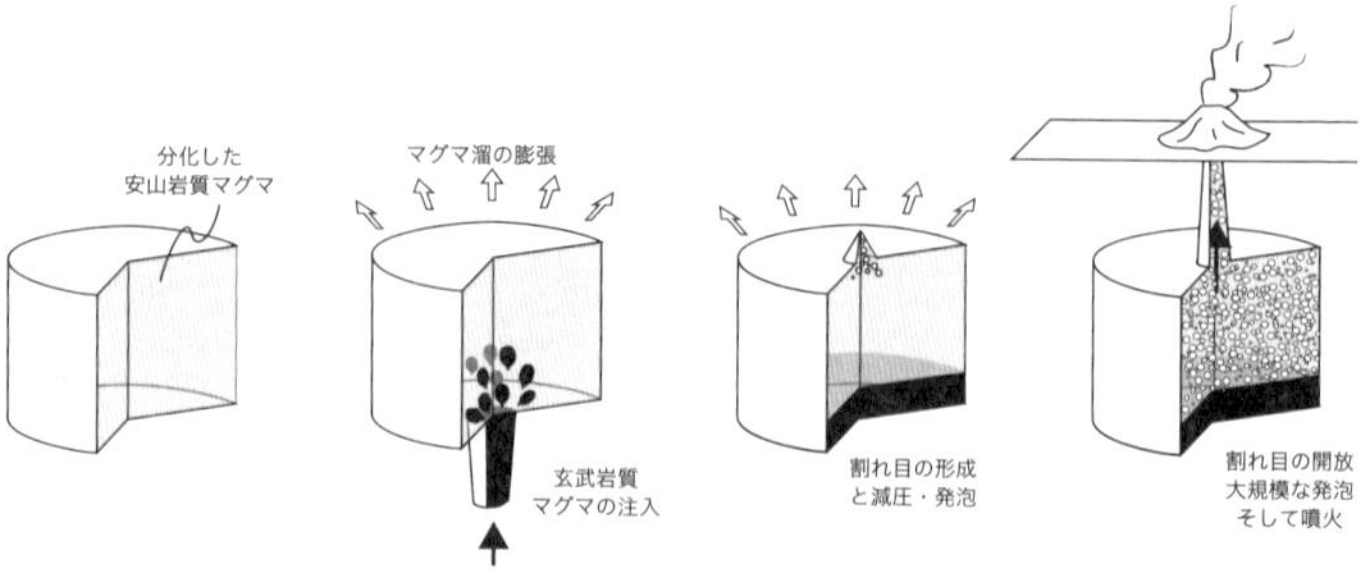

図2-11　火山の噴火メカニズム

で浅い方は、効率的に冷えるために分化した安山岩質や流紋岩質の組成を持つ。このように、1つの火山の地下には、組成の異なるマグマ溜が形成されていることが、火山の噴火過程を考える上で大切である。よく覚えておいていただきたい。

火山が爆発・噴火する原因はもちろん複雑ではあるが、あえて1つ挙げるとすればそれは「発泡現象」である。シャンパンやビールの栓を開けた時に、急に泡立つことがある。あれが発泡である。そして、勿体なくも瓶の口から中身が溢れ出すこともある。これが噴火である。では、なぜどのようにマグマ溜で発泡が起こるのであろうか？　炭酸飲料の場合は炭酸ガスが発泡するのであるが、マグマの場合はほとんどの発泡成分は水（水蒸気）である。一般に日本列島などの沈み込み帯で誕生するマグマには水分が多い。その理由は、沈み込むプレートにある。海嶺で海洋地殻が作られる時には、海底で活発な熱水（温泉水）の循環系が発達する。そのために、海洋地殻は、言わば水を含んだスポンジのようになるのである。また、プレートと一緒に沈み込む堆積物にも水は含まれている。マグマの中の水分は、これらのスポンジが潜り込んでギュッと圧された結果絞りだされたものである。したがって、沈み込み帯でできるマグマは、元はと言えば海水起源の水をたっぷりと含んでいるのである。一方で、海嶺やホットスポットのマグマはカラカラである。この違いが、ハワイではトロトロと流れる溶岩を間近で見ることができるのに対して、日本列島では爆発的な噴火が起こる要因の1つとなっている。

さて、マグマ溜での発泡を考えることにする。図2-11には、2つのタイプのうち浅い方のマグマ溜の様子が描いてある。先に述べたように、このマグマ溜には比較的分化した、例えば安山岩質のマグマが詰まっている。ここに、深部マグマ溜から玄武岩質マグマが注入されたとする。このマグマは、安山岩質マグマより重い。二酸化ケイ素成分が少なく鉄に富むためである。重いために玄武岩質マグマはマグマ溜の底へ溜まってしまうと想像される。一方、マグマ溜は入ってきた玄武岩質マグマの分だけ膨張しようとするので、マグマ溜内の圧力は高くなる。この時に、溜の壁に割れ目や昔のマグマの通り道（火道）の傷があると、そこに力が集中して割れ目は広がってしまう。一旦割れ目が広がると、その部分の圧力は急に低くなり発泡が始まる。水が水蒸気となると2000倍近くも体積が増えるので、この体積膨張にしたがって割れ目は急激に成長し、やがて地表に達する。すると、割れ目の開放による減圧効果も相まってマグマ溜全体が発泡することになる。こうなると、もう溢れ出すしかない。多くの場合は、浅いマグマ溜に元々あった分化したマグマ（二酸化ケイ素が多く灰色〜白っぽい）が噴出するが、底に溜まった黒っぽい玄武岩質マグマまでもが吸い上げられて白いマグマの後に噴火することもある。例えば、1707年の富士山宝永噴火では、最初に白っぽい灰が、その後黒っぽい火山灰が江戸の街に降ったと記録が残っている。

また、高温の玄武岩質マグマが注入されると、マグマ溜に存在した安山岩質マグマも熱せられ、その結果、マグマ中の水の溶解度がわずかであるが減少する。つまり、ビールと同様にマグマも熱せられるとその結果発泡現象が励起され、マグマ溜が膨張することもあり得る。その後の変化は前述の過程と同様である。

日本列島などの沈み込み帯に位置する多くの火山では、今述べたような玄武岩質マグマの注入が噴火のきっかけになっていると考えられている。しかし、他にも噴火の引き金となる発泡現象を起こすメカニズムはある。つまり、マグマ溜に急激な圧力低下が起こると噴火に至る危険性がある。

先の東北地方太平洋沖地震の直後に、富士山を含む日本列島のいくつかの活火山でマグマ活動の活発化を示すデータが見つかっている。また、過去にも、2010年のチリ地震(M8・8)の約1年後にプジェウエ・コルドンカウジェ火山群が噴火、869年の貞観地震(M8・6:三陸沖)の2年後に鳥海山が噴火、1707年の宝永地震(M8・6:南海トラフ連動型)直後の富士宝永噴火など、いくつかの「連動性」を示す可能性のある現象がある。海溝型巨大地震によって上盤プレートの歪みが解消されると、上盤地殻の中の応力状態が大きく変わる可能性がある。その1つは、これまで沈み込むプレートに圧縮されて蓄積された歪みが解放され、地殻内に伸張応力が発生することである。つまり、地殻が引っ張られて圧力が減少する。その結果、マグマ溜が減圧して発泡が始まるのかもしれない。私たち日本人は、このような地震火山連動現象のことも心する必要がある。

マグマ溜での発泡現象と噴火についてまるで全て解ったかのように述べてきたが、賢明な読者の中には、物足りなさを感じる方もいるに違いない。というのも、深いマグマ溜から玄武岩質マグマが注入される理由を述べていないからである。解らないことを先送りにしているようで、我ながら不快である。しかし有り体に言って、この問題はよく解ってない。

仮に、深いマグマ溜から玄武岩質マグマが上昇を始める理由が解ったとしても、次に必ず発するのはこの玄武岩質マグマの成因である。このような問いの繰り返しこそが、サイエンスというものなのである。ところで、この問いには私は少し自信を持って答えることができる。なぜなら、本郷の大学院生であった頃からもうかれこれ30年も、これが私の研究テーマの1つであり続けているからである。

まずは、そもそもなぜ冷たいプレートが沈み込む場所で、地球内部の物質が融けてマグマができるのかを述べることにしよう。冷たいプレートは周囲のマントルを冷却することはあっても、融解させることは難しそうである。この困難を克服するのは、すでに結論を示したように、スポンジ状のプレートから水が供給されることが第1段階である。水をかけると火が消えるじゃないか！　と反論を受けるかも知れないが、今話題にしている水（H_2O）は、深さ100キロメートル辺りで900℃近い高温状態にある。だから、プレートから絞り出された水が周囲の温度を下げることはない。一方で、この水には特異な性質がある。水は、他の物質の原子同士の結合をバラバラに切ってしまう性質を持つ。例えばマントルを作る橄欖岩は、しっかりとした結合が結晶構造を成す鉱物からできている。水はこの構造を壊してしまう。一方でこのように固体に比べて結晶構造が壊れてバラバラになった状態が液体である。つまり、プレートから絞り出された水は、その上にあるマントル物質の融点を下げて、約1000℃の温度で融かしてしまうのである。この温度は水がない場合に比べるとおおよそ300度も低温である。

ここで注意しなければならないことがある。橄欖岩のように複数の成分（鉱物）からなる物質では、融点を超えても完全に融けた状態になる訳ではないということである。融点の低い成分が選択的に液体になって行く。このような状態では、液体と固体の両方が存在することになる。「部分融解」と呼ばれる現象である。これは、前述のマグマの結晶化現象と逆の、温度が上昇する向きの過程である。

さて、沈み込むプレートやその上のマントル物質を高温高圧実験等で解析すると、プレート近傍からは、おおよそ110キロメートルと170キロメートルの深さで水が吐き出されることが解る。先にプレートをスポンジにたとえたが、スポンジは軟らかいために圧力をかけると連続的に縮むが、プレートを作る鉱物は、圧力が徐々に高くなって行っても、ある程度までは頑張って持ちこたえている。しかし、それも限界に達すると別の鉱物に変化して、この時に水を放出するのである。110キロメートルと170キロメートルという深さには大きな意味があると推察する。東北日本を始め、多くの沈み込み帯ではプレートがこれらの深さに達した真上に火山帯が形成されているのである。例えば那須火山帯と鳥海火山帯直下のプレート表面までの深さは先の値である。ここで放出された水がそのへんのマントル物質の融点を下げて、部分融解が起こる、つまりマグマが発生するのである。こうして、沈み込むプレートの表面付近には、2列の部分融解帯が形成される（図2－12a）。

マグマの誕生と言うと、なにかの原因で温度が上昇すると思いがちであるが、少なくとも日本列島の如き沈み込み帯ではそうではなく、プレートが運び込む水が主役を演じているのである。そしてその反応はある深さになると規則正しく起こる「圧力に依存」したものである。

これまでにも何度か述べたことであるが、液体のマグマは周囲の固体マントルよりも軽い。したがって、液体を含む部分融解帯は、その上に位置する固体、つまり融けていないマントルよりも軽くなる。軽いものが重いものの下にある。これは、明らかに不安定な状態である（レイリー・テイラー不安定：RT不安定）。この場合のように、比較的軟らかい物質が不安定を成している場合、軽い物質が玉コロ状に上昇して不安定を解消しようとする（図2－12a）。最近はあまりはやらなくなったようだが、縦長のランプでその中を玉コロがゆっくり上昇する「モーションランプ」はRT不安定を利用したものである。地球科学ではこの玉コロのことを「ダイアピル」と呼ぶ。「貫入する」という意味のギリシャ語が語源である。私たちは、この1つのダイアピルが地表の個々の火山に対応していると考えている。

沈み込み帯には、2列の部分融解帯が異なる深さに形成される。これらを比較すると、浅い方がプレートから多量の水が供給されている。このことは、最終的にはスポンジ状のプレートにはほとんど水が含まれなくなることを考えると直感的に理解できるであろう。この供給量、正確に

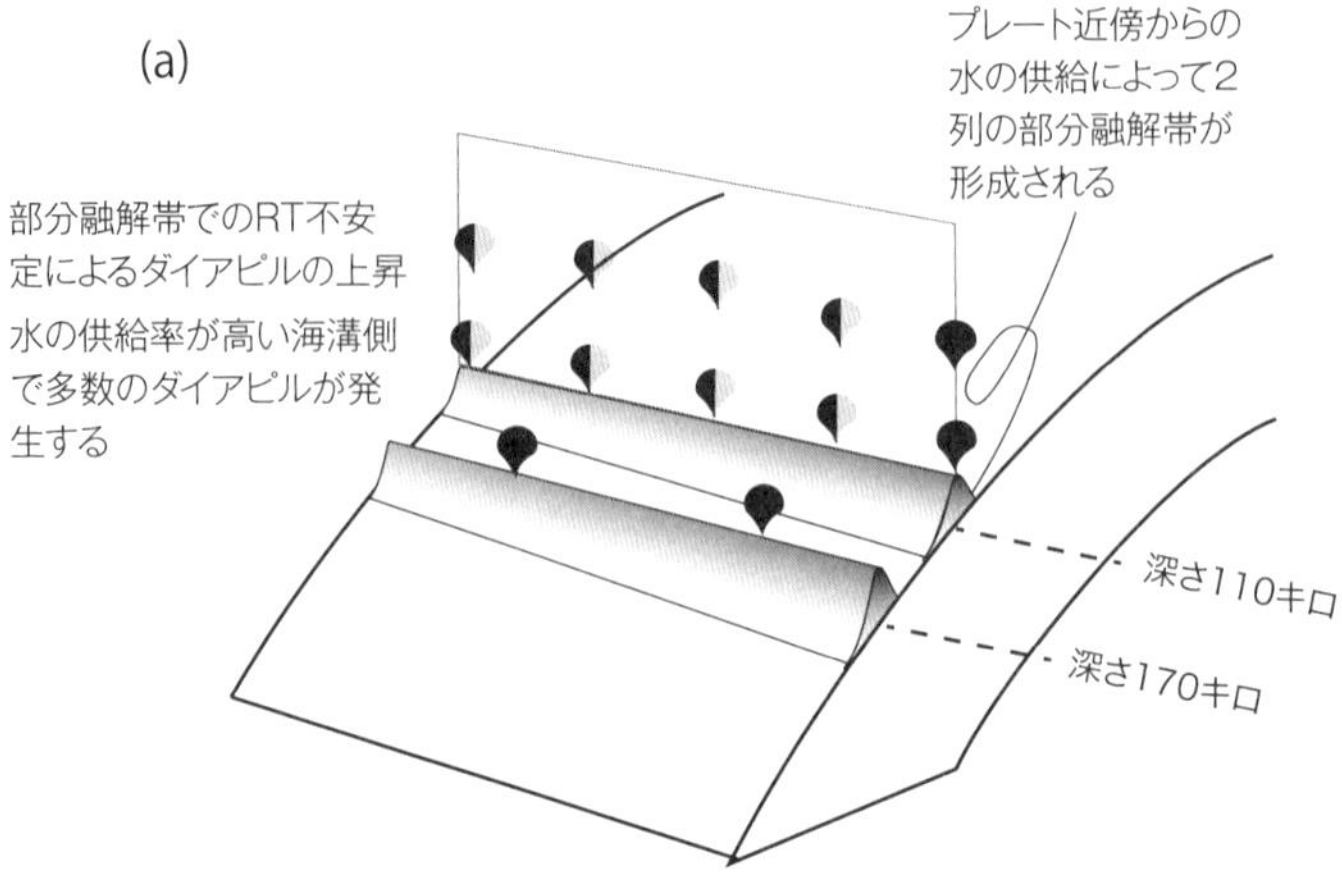
(a)
部分融解帯でのRT不安定によるダイアピルの上昇
水の供給率が高い海溝側で多数のダイアピルが発生する
プレート近傍からの水の供給によって2列の部分融解帯が形成される
深さ110キロ
深さ170キロ

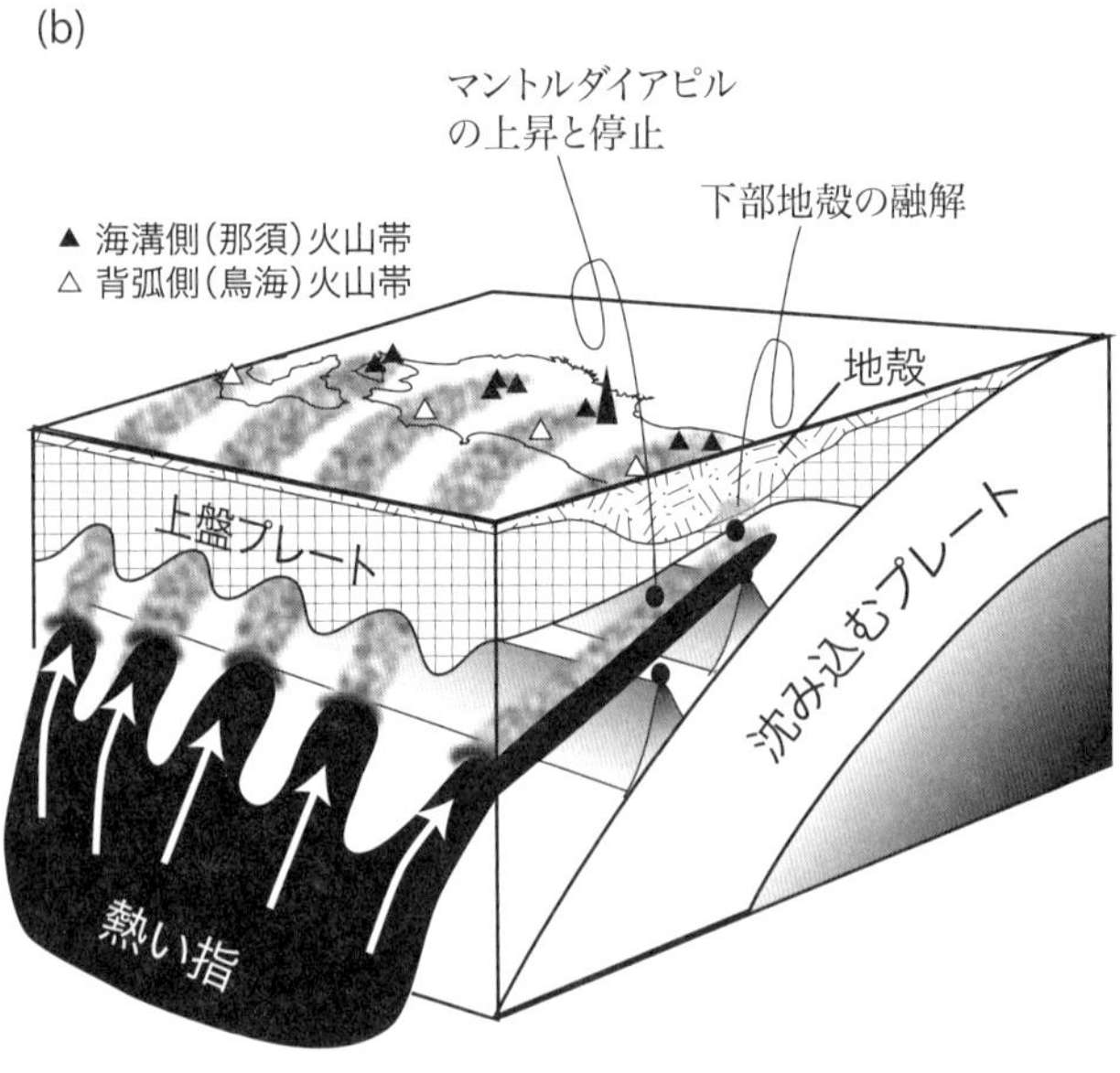
(b)
マントルダイアピルの上昇と停止
下部地殻の融解
▲ 海溝側(那須)火山帯
△ 背弧側(鳥海)火山帯
地殻
上盤プレート
沈み込むプレート
熱い指

図2-12　マグマ発生のメカニズム

は供給率の違いは、ダイアピルが上昇することで一旦解消されたRT不安定が再び臨界状態に達するまでの時間間隔の違いを引き起こす。つまり、ある期間を見れば、浅い方の部分融解帯の方が多数のダイアピルが発生するのである（図2-12a）。このことで、海溝側の火山列（東北日本では那須火山帯）にはもう1つの火山列（鳥海火山帯）の2倍以上の火山があることを巧く説明することができる。無論この2列の火山帯における火山数の系統的な相違は、東北日本のみならず、地球上の多くの沈み込み帯で認められる一般的な特徴である。

あと一息で、日本列島の下でどのようにしてマグマが作られているのか、その全貌がわかるはずだ。もう少し付いてきていただきたい。

次に考えるのは、上盤地殻と沈み込むプレートに挟まれたマントルウェッジ（ウェッジは「楔《くさび》」の意。断面図にすると楔の形をしているため）と呼ばれる部分で、どのような流れ（対流）があるかということである。なぜ流れがおこるか？　それは、粘っこい流体としてふるまうマントルに、硬いプレートが沈み込んでいることが原因である。水飴や蜂蜜をかき回すとこれらの粘っこい流体が纏《まと》わり付くように振る舞う。同じように、プレートが沈み込むとマントルウェッジの底、つまりプレート面の直上では、マントル物質が浅い所から深い所へとプレートに引きずられて運ばれてゆく。マントルウェッジ内の質量を保存するにはこの引きずり込みを補う流れが必要となる。こうして、マントルウェッジの真ん中付近に上昇流が入り込んでくるのである。この上昇流は、プレートの先端部付近、つまり深い所にある高温部から湧き上がってくるので当然浅い部分のマントルウェッジよりも熱い。しかも面白いことに、この上昇流は板状ではなく、まるで指のような形をしているらしい（図2-12b）。超稠密な地震観測網のデータを用いた地震波CTで、この「熱い指」は見事にイメージングされている。なぜこのような指状になるのかは未だよく解っていない。おそらく、熱くて軽い物質が上昇する過程である種のRT不安定が形成されるのではないかと想像される。

この熱い指は沈み込み帯のマグマの発生に大きな役割を果たしている。1つは、部分融解帯から上昇するダイアピルを加熱する役割である。先に述べたように、水の供給で融点が下がってできた部分融解帯で発生するダイアピルやその中に存在するマグマの温度は約1000℃。しかし、沈み込み帯の玄武岩質マグマは約1300℃もの高温である。つまり、マントルウェッジの中に何らかの加熱システムが内在するのである。この役割を担うのが熱い指だと思われる。マントルダイアピルが熱い指を通過する時に加熱されて高温になっているのだ。実際、東北日本では比較的火山が密集する部分の下に熱い指が存在し、指の隙間に相当する所には地表に火山は分布していない。プレートテクトニクスが誕生して以来マグマ学者に投げかけられた最大の謎は、冷たいプレートが沈み込んでなぜ熱いマグマができるのか？ というものであった。しかし今ではこの問題はほぼ解決されたと言えよう。

では最後に、これまで説明してきたマグマの発生メカニズムを使って、なぜ日本列島に地球上で最も火山が集中するのかという問いに答えておくことにする。そのために、もう一度図1-9

（40ページ）の日本列島の火山分布を見ていただきたい。火山現象が頻出する日本列島の中でも、東北日本に圧倒的に多くの火山が分布することが判る。それに対して、西南日本ではそれほど密集している訳ではない。東北日本と西南日本との間で最も大きな違いの1つは、プレートの沈み込み速度である。東北日本では地球上でも最も高速にプレートが沈み込んでいるのに対して、西南日本ではその約半分のスピードでおまけに斜めに沈み込んでいるので有効速度はさらに小さい。このようなプレートの沈み込み速度と火山の数の間の相関関係は、日本列島のみならず、世界中の沈み込み帯で認められる普遍的なものである。

プレートが一生懸命沈み込むとたくさんの火山が誕生する。直感的に受け入れやすい関係だが、もう少しだけ科学的に因果関係をはっきりさせておくことにする。沈み込み帯のマグマの発生は、プレートから供給される水が引き起こす。したがって、沈み込み速度が大きくなればなるほど水の供給率が高くなり、先に述べた部分融解帯から上昇する「ダイアピル」の発生率が高くなる、つまり、多くの火山が形成されるという訳である。

なぜ日本列島はこの形をしているのか？

「花綵《はなづな》列島」。日本列島や琉球諸島、伊豆・小笠原・マリアナ諸島などの形が、花などを綱状に編んだ飾りに似ていることから使われる美しい語彙である。また、「弧状列島」という語もよく見かける。弓なりに張り出した形を見事に表す言葉である。英語でも「arc：弧」と呼ばれる。

プレート沈み込み帯に配する弧状列島は、地球が球形であるために直線ではなく弧状に発達するのである。たとえれば、ピンポン玉をへこませると（へこんだ部分が沈み込むプレート）へこみ口（海溝）は弧状になるようなものである。

確かに日本列島、その中でも本州を見ると弧状に張り出した形をしている。しかしここで注意しなければならないことは、本州は２つのプレート沈み込み帯（東北日本弧と西南日本弧）が合わさってできていることである。１つのプレートが沈み込んでこのような形になった訳ではないのである。一体どのような変動が現在の日本列島の形を作り上げたのかを述べて、この章を閉じることにする。

ことの発端は寺田寅彦の着想である。彼は１９２７年に「日本海沿岸の島列に就て（原文英文）」という論文を発表した。彼が強調した点は、日本海側には陸から20～70キロメートルの距離に島々が分布する「島帯」が存在するにもかかわらず、太平洋側には島帯は存在しないことであった。寺田は、このような非対称な地形・地質分布は日本海側と太平洋側で日本列島の発達過程が異なっていることを示すはずだと説く。そして、「暫定的」と断りながらも寺田流「日本海形成論」を展開する。それは、かつてアジア大陸の一部であった日本列島が分裂・漂移し、その際に日本列島の一部が取り残されて島帯を作ったというものである。またこのように考えると、日本列島に分布する玄武岩やある種の堆積物の特徴を巧く説明できるとした。

１９１２年にウェゲナーが提唱した「大陸移動説」の影響を強く受けているのは間違いないが

見事なものである。さらに彼は、この暫定的仮説の検証に乗り出す。もし自説が正しければ、取り残された日本海の島々と移動を続ける日本列島の距離は刻々大きくなっているはずだとし、測量プロジェクトを提案しそれを実行に移した。残念ながら明瞭な結果は得られなかったが、仮説から予想される現象を確認して仮説を検証しようとした姿勢は圧巻である。

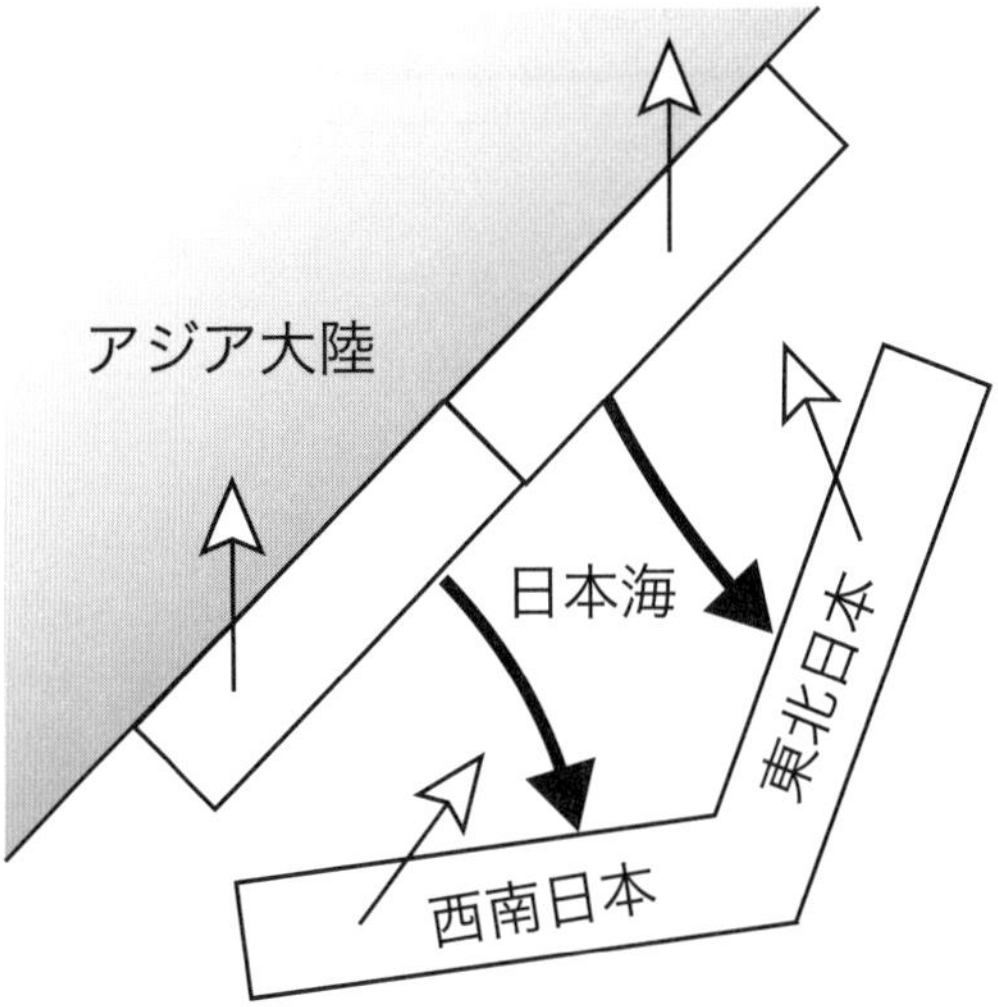

図2-13　日本列島の回転と日本海の形成。白矢印は約1500万年前以前の岩石が示す磁北の向き。アジア大陸の一部であった日本列島が黒矢印のように移動して日本海を形成し、現在の日本列島の姿になった。こう考えると、アジア大陸の一部であった時の磁北の方向も巧く理解できる。

まるでウェゲナーの大陸移動説がそうであったように、寺田の日本列島漂移説も「古地磁気学」によって新たな展開を迎えることになる。1960年代に入ろうとした頃、京都大学のグループは、日本列島を構成する岩石に残された微弱な磁石の性質を用いて、その岩石ができた当時の磁極の方位を求めるプロジェクトを行っていた。そして驚くべき発見をした。数千万年前より古い時代の岩石では、西南日本と東北日本の岩石が示す磁北の向きが異なっていたのである（図2－13）。もちろん最近できた岩石ではこんなことは起こっていない。しっかり北を指し示している。この奇怪な結果は、もともと棒状であった日本列島が過去数千万年の間のいつかに折れて曲がったことを示している。

1961年に出されたこの論文では、日本列島の折れ曲がり事件と日本海の形成の関連は明瞭に述べられていなかったが、1970年代後半から再び京都大学のグループによって、この問題の再検討が始まった。彼らはさらに多数かつ広範囲で採取した試料について精密な測定を行い、岩石の形成年代も慎重に吟味した。その結果、今から約1500万年前のこと。わずか100万年ほどの短期間に、西南日本は時計回り、東北日本は反時計回りに回転したことを突き止めたのである。さらに、1500万年前以前の岩石が示す磁北を、現在の磁北に合わせるように回転させると、日本海がほぼ閉じてしまったのである。つまり、1500万年前以前の日本列島はアジア大陸の一部であり、回転運動を伴う日本列島の漂移によって、日本海が誕生したのだ。かくして寺田説は完全に復活した。

その後、日本海の海底を作る岩石や、アジア大陸東縁に分布する火山岩を解析することで、日本列島の分離はおおよそ2000万年前から始まったことが明らかになった。分裂の当初は、回転成分の少ない分裂と移動が起こっていたらしい。図2－14には、これらの成果を基にして、その当時の陸域の分布も加えた日本列島の形の変遷を示してある。

日本列島がアジア大陸から分離した頃、その南方海域でも大事件が起こっていた。現在の日本

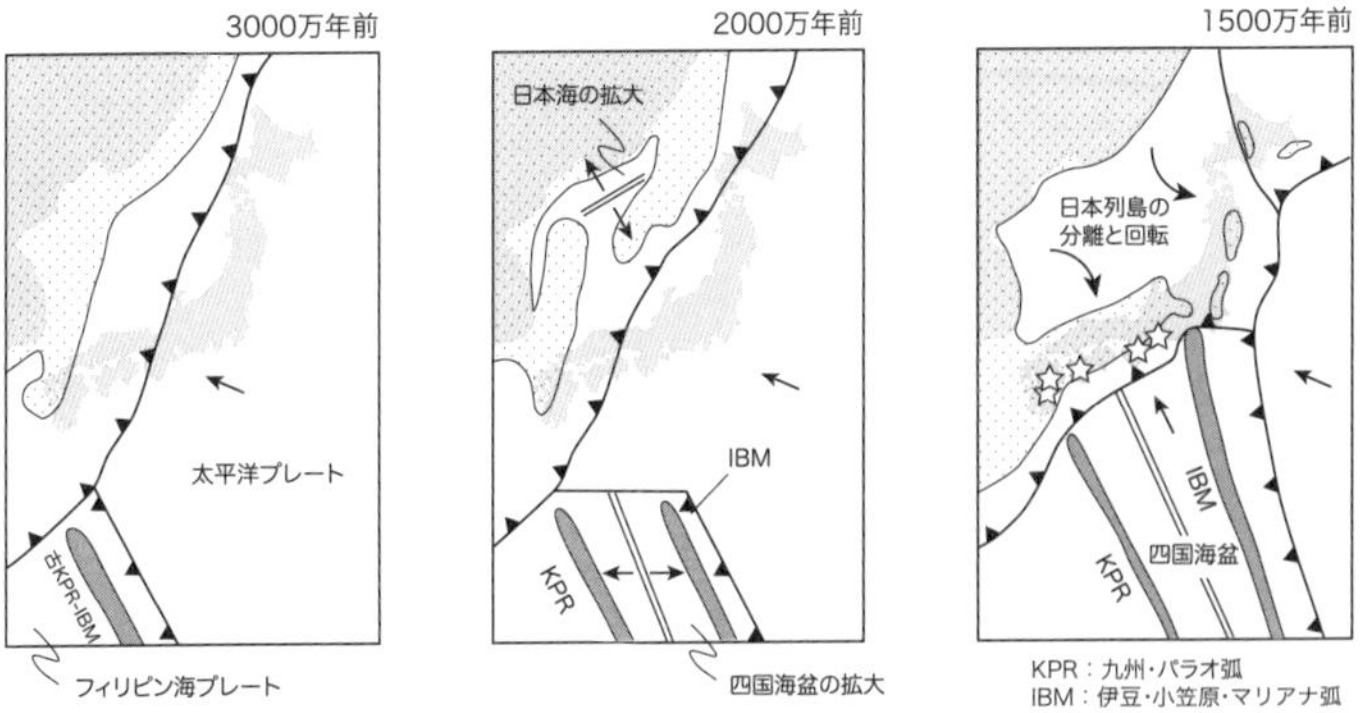

図2-14　日本列島の現在の姿を決めた、日本海と四国海盆の拡大という2つの大事件。

列島の姿を決定づけたもう1つの出来事である。この大変動が起こったことは、四国海盆、九州・パラオ弧、伊豆・小笠原・マリアナ弧などの列島南方の海域で徹底的に磁気観測や岩石の採取を行って調べた結果判ったことである。今やこの地域は世界中で最も精密に調べ上げられた海域と言っても過言ではない。

日本列島の南で起こった一大事件のシナリオは次の通りである（図2－14）。おおよそ3000万年前、まだアジア大陸の一部であった日本列島から遥か南まで、太平洋プレートの沈み込みが起こっていた。「古日本列島」や、後に九州・パラオ弧、伊豆・小笠原・マリアナ弧になる弧状列島では活発な火山活動があった。そして約2500万年前、南方の弧状列島が突如まっ二つに裂け始め、九州・パラオと伊豆・小笠原・マリアナの2つの弧状列島に分裂してしまったのである。その2つの弧状列島の間に新しい海底、四国海盆が誕生し始めた。この四国海盆の拡大と伊豆・小笠原・マリアナ弧の東方漂移は1500万年前まで続く。1500万年前には前述のように西南日本がアジア大陸から分裂して南方漂移したのであるが、これと呼応するように四国海盆を含むフィリピン海プレートも北向きに移動する。これら2つのプレートの収束は、大部分は南海トラフでのフィリピン海プレートの沈み込みによって解消されてしまった。しかし、沈み込み帯の火山活動によって作られた伊豆・小笠原・マリアナ弧の地殻は、軽すぎるために海溝から地球の内部へと沈み込むことは叶わなかった。結果、現在の丹沢〜伊豆半島の部分が、本州に衝突・突入してしまったのである。伊豆半島の所で、南海トラフと相模トラフが大きく北へ曲がっている（12ページ図1－1）のはこの衝突が原因なのである。

日本列島が現在の姿になるまでにとてつもない変動を受けてきたことを、お判りいただけただろうか？　まさに変動帯である。では、これらの大変動の凄まじさをもう少し具体的に示してみることにする。まずは、日本列島がどれくらいのスピードでアジア大陸から漂移したのか？　もちろんこの章の始めで触れたように、球面である地球上での運動は回転運動を伴う。したがって日本列島のどの部分を考えるかで移動量は違ってくるが、最大移動量を見積もるとおおよそ500キロメートルとなる。そしてこの移動がほとんど回転運動時に起こったとするとその期間は約100万年。なんと年間50センチメートルの猛スピードで日本列島は移動したことになる。現在の地球では、最速のプレートの1つである太平洋プレートですら最大で年間10センチメートルほどなのであるから、日本海拡大時の日本列島は明らかにスピード違反である。アジア大陸からすれば、見る見るうちに日本列島が沖合へと消え去って行ったに違いない。

漂移する日本列島、特に西南日本の前に立ちはだかったのがフィリピン海プレートの一部を成す四国海盆である（図2-14）。何せこの海盆はまだ生まれたて、つまり大変軽かったはずである。とても素直にスルスルと西南日本の下に潜り込んだとは考えられない。しかし比較するとやはり軽いのは日本列島。なぜならば、四国海盆などの海洋地殻に比べて圧倒的に軽い（原子量の小さい）元素、例えばケイ素に富んでいるからである。その結果、四国海盆との押し合いに耐え切れなくなった西南日本が一気に四国海盆の上にのし上がってしまったのである。これだけでも驚天動地の事件だが、それに加えてそのスピードも異常だったことも忘れてはならない。現在の日本列島でも、太平洋プレートとフィリピン海プレートに攻め立てられて、そのストレスのせいでこれほどまでに活発な地震活動などの地殻変動が起こっているのだ。当時の日本列島には、現在とは比べようもないほどの力がかかっていたのであるから、列島中の活断層が活発に活動したことは容易に想像できる。

当時の地震活動の地質記録は残っていないが、火山活動の異変は推し量ることができる。例えば東北日本では、日本海形成以前には現在の日本列島に相当する地域には火山は全く存在していなかった。しかし日本海の拡大が始まると、現在の那須火山帯より少し東側までを含む東北日本全体で激しい火山活動が始まったのである。この活動の中には、第一章で紹介した「黒鉱」を胚胎する海底カルデラの形成も含まれている。

西南日本はさらに激烈な火山活動に見舞われた。それは愛知県設楽《したら》、紀伊半島中南部、四国石鎚山、宮崎県尾鈴《おすず》山、大崩《おおくえ》山などの、現在でもそして日本海拡大以前にも全く火山活動が認められない地域で（図2‐14の☆）、約1400万年前に突如として火山活動が始まった。その活動は凄まじいものであった。

例えば紀伊半島では、複数の巨大カルデラの集合体（カルデラクラスター）が誕生した。役小角《えんのおづの》の開基とされる修験道の聖地大峰山、日本三大名瀑の1つ那智の滝、そして橋杭岩などの奇岩はこの活動で作られたものである。なにせ1400万年も前の火山であり、ほとんどの噴出物はその後の浸食で失われてしまってはいるが、地質学的な証拠に基づいて推定されるマグマの量はおよそ3兆トン。体積は約1200立方キロ。概算すると、半径200キロメートルの範囲が厚さ10メートルの溶岩で覆われたことになる。ちなみに、大峰山から大阪市までは約80キロメートルである。紀伊半島以外の火山活動を含めると、この4倍以上のマグマが1400万年前に一気に活動したことになる。

火山活動そのものは、それほど激しいものではなかったが、同じ時期には奇妙な岩石も作られた。「サヌカイト（＝讃岐《さぬき》石）」はご存知だろうか？　高松の土産物屋では必ず見かける光沢のある真っ黒い石である。叩くと良い音を出すことからカンカン石などとも呼ばれ、石琴《せっきん》としても使われる。1964年に東京オリンピックの開会を告げたのもこの音色であった。また、特に西日本では石器として重宝されて、多くの遺跡から発見されている。このサヌカイトが溶岩流として瀬戸内海沿岸に分布した火山（香川県の五色台や屋島、大阪府二上山など）を流れたのも、紀伊半島などカルデラ火山の活動とほぼ同時である。こんな特異なサヌカイトマグマが作られたのは、通常はスポンジとして水を吐き出す役割を果たす沈み込むプレートが、まだできたてで熱かったために、無理矢理沈み込まされる途中で融解してしまったのが原因のようである。
さらに、この時期に南海トラフに沿った地域が異常な高温に晒されたことが、紀伊半島や四国の南部に分布する「付加体堆積物」に記録されている。堆積物の中に含まれるジルコンという鉱物や炭化物・粘土鉱物の解析をすると、これらの堆積物が約1500万年前におおよそ200度も加熱されたらしいことが判ってきた。まだその熱源は特定されてはいないが、前述の火山活動が起こっていなかった地域でも熱異常が認められることから、おそらく異常に高温の四国海盆が無理矢理この地域の下へ押込められたことが原因であったと想像できる。

ところで、こんな大変動を引き起こし、その結果現在の日本列島の姿を作り上げたとも言える日本海や四国海盆の拡大という大事件は、一体全体なぜ起こったのだろうか？　このような分裂拡大が沈み込み帯で起こっているのであるから、プレートの挙動が何らかの原因になっていることは間違いない。しかし無念ながら、その原因が何事かを私たちはまだ知らない。ある人たちはインド大陸がアジア大陸に衝突したことが原因だという。あまりにも巨大なインド大陸が衝突したために、ヒマラヤ・チベットを隆起させただけではもの足りず周囲の地塊を押し出したというのである。例えば、インドシナや南中国はその結果としてせり出したような形をしているという。そして、その余波として日本列島も移動したと主張する。またある人は、その実態はよく解らないが、巨大なマントル上昇流がアジア東縁部に発生したことに原因を求める。私たちも負けずに仮説を出した。後に述べるように、沈み込んだプレートは深さ670キロメートルの上部マントルと下部マントルの境界付近で横たわるらしい。この停滞したプレートの一部は、周囲のマントルよりも軽く、ある程度の大きさになると再び地表へ向かって上昇する可能性がある。この上昇流に伴う流れが沈み込み帯に入り込んで、沈み込むプレートを押し下げたというものである。今後もまだまだ論争は続くに違いない。

〈この章のまとめ〉

●日本列島は、地球表面を覆うプレートが内部へと沈み込む場所、「沈み込み帯」に位置する。

●プレートとは、地球の表層を構成する地殻とその下にあるマントルの一部が一体となった板である。

●プレートの下には流動するマントル（アセノスフェアー）が存在するために、プレートは動くことができる。つまりプレートの底とは、「硬いマントル」と「軟らかいマントル」の境界であり、この軟らかさの違いは温度がコントロールしている。一方で「モホ面」は地殻とマントルの境界である。つまり、地殻＝プレートではない。

●海洋プレートは、海底を走る大火山帯である海嶺でマグマが冷えて固まり作られる。このプレートは時間とともに海嶺から離れて冷えて重くなり、やがて海溝から地球内部へと落下する。この場所が沈み込み帯である。

●沈み込むプレートには下向きに重力が作用し、これがプレート全体を引っ張ることでプレートは動いている。マントル対流がプレートを引きずって動かしているのではなく、プレートは自重で運動しているのである。

●海洋プレートがマントルへ潜り込む角度やプレートの年齢が、陸側プレートに作用するストレス（応力）を左右する。

●東北日本や西南日本ではプレートの沈み込み角度が小さく、また上盤（陸側）プレートとの結合が強い。そのために陸側プレートの一部である日本列島に大きなストレスがかかって歪みが蓄積する。

●この歪みが限界に達すると、断層運動が起こり地震が発生する。またその際の海底地盤の変位が津波を引き起こす。

●スポンジのような海洋プレートは、マントル内へ沈み込むことで圧縮され、水が放出される。この水の作用により沈み込むプレートの上にあるマントル物質が融けやすくなり、マグマが発生する。

●沈み込み帯にある火山で爆発的な噴火が起こるのは、元々沈み込むプレートからもたらされた水分が、地殻の中にできるマグマ溜の中で発泡するからである。

●日本列島に地震と火山が集中するのは、海嶺で誕生したプレートが冷却して重くなり、地球内部へと沈み込む必然の結果である。

●現在の日本列島の形は、日本海の拡大による日本列島のアジア大陸からの分離と移動、それに四国沖の海底（四国海盆）の拡大による伊豆・小笠原・マリアナ弧の東方移動によって出来上がった。これらのおおよそ2000万年程前に起こった大変動は、プレートの沈み込み帯特有の現象である。

第三章　なぜ地球にはプレートテクトニクスがあるのか？

現在だけでなく、過去にも日本列島は大変動を経験してきた。これらの様々な大変動があったが故に現在の日本列島が存在するのである。ここで重要なことは、これまで述べた日本列島の変動はことごとく沈み込み帯特有のもの、つまりプレートテクトニクスの作動が変動の根本的な原因であることだ。したがって、日本列島が変動する理由を知るためには、なぜプレートテクトニクスが作動されるのかを理解せねばならない。

ところで、太陽系惑星のうち、プレートテクトニクスが認められるのは地球のみである。換言すると、この惑星が「地球」として振る舞う原因の探求こそが日本列島が変動し続けることの理解につながる。ここでは、少しスケールを広げて、地球そして太陽系惑星における現象としてのプレートテクトニクスを考えることにする。そのことで私たちは、プレートテクトニクスが作動して地球が現在の姿に進化してきたのは、液体の水の存在が決定的な役割をはたしたことを認識することになる。

惑星地球の誕生と進化

地球の誕生のシナリオを、ここでは詳しく解説する余裕はない。しかしこのことを避けて通っては、日本列島のそして地球の変動を理解することなどできない相談である。詳細は他書（例えば拙著『なぜ地球だけに陸と海があるのか』岩波科学ライブラリー）に譲るとして、以下では重要な点をかいつまんで記しておくことにする。

宇宙にきらめく恒星やその周囲の惑星は、宇宙空間に漂う「ダスト」と呼ばれるミクロンサイズの固体微粒子やガスが集まってできたものである。太陽系が形を成し始めた頃には、これらの物質は原始太陽の周りに円盤状に分布していた。このような「原始太陽系円盤」が、今でも宇宙空間の中に新しい「太陽系」を作り出しつつあることは、ハッブル望遠鏡などでも観察されている。ここで大切なことは、太陽からの距離によってダストの成分が大きく異なることである。太陽から約3天文単位（1天文単位＝太陽と地球の平均距離＝約1・5億キロメートル）を境にして、その内側ではダストは岩石や金属、外側では氷が主要成分となる（図3－1）。この境界は「雪線《せっせん》」と呼ばれるH_2Oの昇華温度に相当する。昇華とはドライアイスのように、液体状態を経ずに固体が気体化する、あるいはその逆の転移を起こす現象である。宇宙空間のように圧力が低いところでは、H_2Oも昇華するのである。雪線の両側におけるダストの組成差が地球型惑星と木星型惑星の決定的な違いの1つである。

ダストはやがて、重力の力によって円盤の中心面に集積して、直径おおよそ数キロメートルの「微惑星」を作り、さらに自身の引力によって衝突合体を繰り返すことで「原始惑星」へと成長する。この過程では、原始太陽から遠いほど巨大な太陽の重力の影響を受けずに、広い領域からダストや微惑星物質を集めることができる。そのために、より太陽から遠い場所に大きな原始惑星が成長する（図3－1の右上がりの実線）。水星や火星、そして天王星・海王星の質量（大きさ）と太陽からの距離の関係はこの予想に巧く合う。

では、この関係から外れる惑星では何が起こったのだろうか？　まず、木星と土星について考える。これらの惑星ではその巨大な質量故に、ダスト以外に周囲に漂うガスを急激に取り込んでしまったために、ガスの分だけ質量が大きくなったのである。一方天

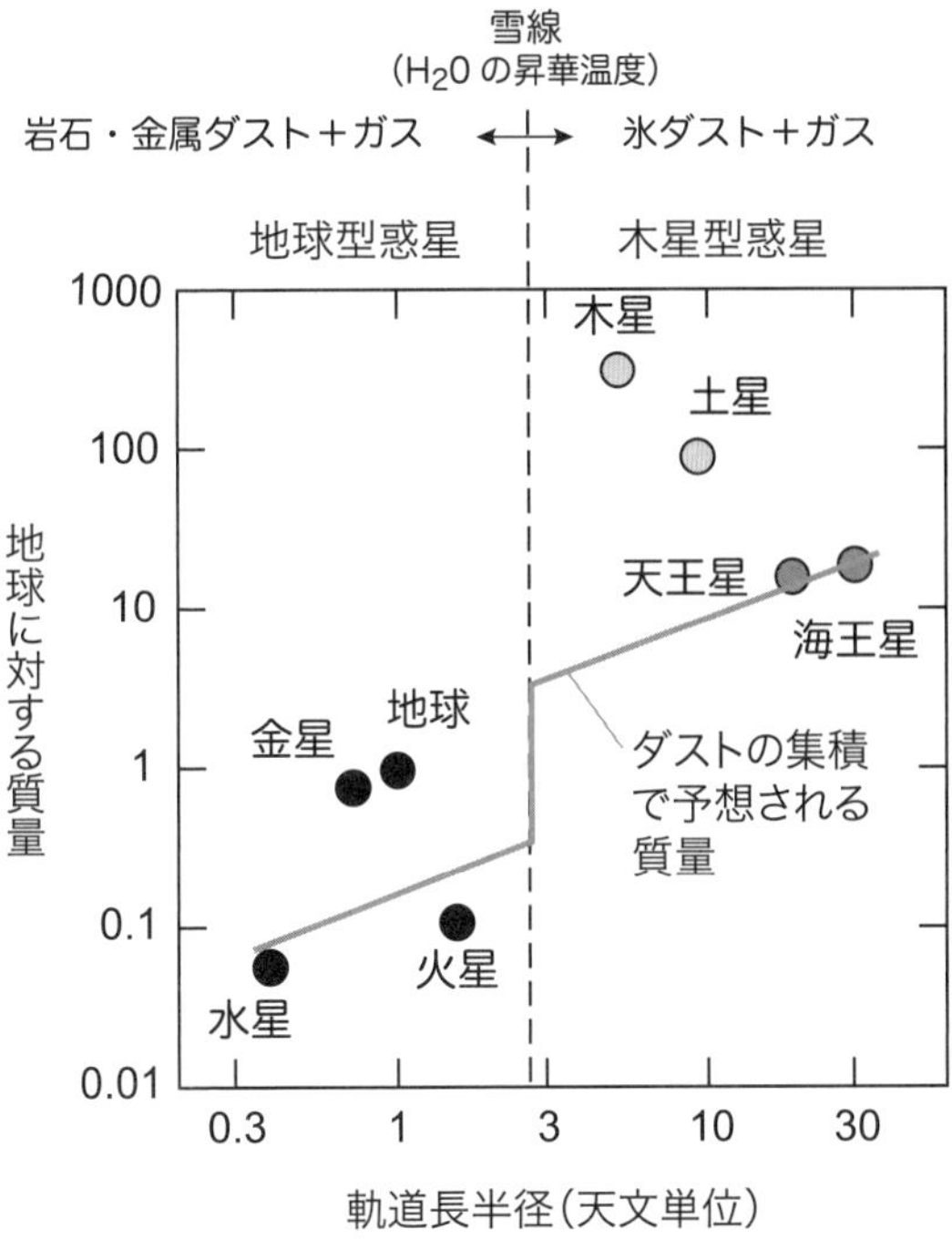

図3-1　太陽系の形成

王星や海王星でもガスを取り込むチャンスはあったのだが、あまりにも広い領域から微惑星を集めているうちにガスが宇宙空間へ散逸してしまったらしい。

また金星や地球も予想より大きく育ちすぎたのであるが、これはいわゆる「ジャイアントインパクト」と呼ばれる事件が起こり、比較的大きな原始惑星同士が衝突・合体した結果、単なる微惑星の集積より大きな質量を持つに至ったと考えられている。この事件とその影響については後にもう一度触れることにする。

ここで小惑星帯について触れておく必要がある。火星と木星の軌道の間（太陽からの距離、2〜4天文単位）には、最大でも直径数十キロメートルに満たない小天体が数十万個も密集している場所があり、これを小惑星帯と呼ぶ。2010年6月13日に帰還を果たしたかの「はやぶさ」は、元々小惑星帯にあったと言われる「イトカワ」からサンプルリターンを果たしたのである。

すべての小惑星の質量を合算しても地球の0・04％程度しかなく、もともと1つの惑星が衝突などで破壊されたものではなさそうである。微惑星から原始惑星が形成される過程で、あまりにも巨大な木星の重力のために衝突・合体が阻害されたと考えられる。つまりこれらの小惑星は、地球型惑星の原料物質というべきものであり、小惑星帯から飛来する隕石を調べることで地球全体の組成や太陽系惑星の形成年代を推定することができるのである。ちなみに、これらの地球に落下した隕石の形成年代を放射性核種の崩壊を用いて測定すると、ほぼ一定の45・7億年という数字が得られる。地球を含む太陽系惑星はこの時期に形成されたと考えてよい。またコンピューターシミュレーションで再現実験を行うと、ダストの集積から微惑星の誕生までは、僅か数千万年という「一瞬の出来事」であったことが判る。

では次に、図3－2の年表を用いて地球誕生のドラマを眺めることにする。45・7億年前、微惑星の衝突・合体で成長しつつあった地球では、微惑星集積の運動エネルギーは熱に変わった。いわゆるエネルギー保存則である。加えて、高温状態の下で微惑星物質から放出された揮発性成分が作る原始大気には二酸化炭素や水蒸気などの温室効果ガスが充満していた。そのために熱は宇宙空間へ散逸せずに大気の内側に蓄えられ、原始地球はほぼ全体が溶融する高温状態となった。当時は海水はまだ存在していなかったが、それに代わり「マグマの海」が地球を覆っていたのである。このようにほぼ液体の状態にあった原始地球では内部はサラサラの状態であり、微惑星に含まれていた重い金属成分は簡単に中心へと落下して「核」を作っていったと思われる。鉄ニッケル合金が2900キロメートル以深の核を、その周りでは軽い岩石がマントルを組成するという地球の基本的な構造は、このようにして創造されたのである。

そんな地球を大事件が襲った。先にも述べたジャイアントインパクトである。火星ほどもの大きさの原始惑星「テイア」が原始地球の重力に引き寄せられて衝突したのである。幸いにも正面衝突ではなかったために原始地球は壊滅的な破壊は免れたが、その一部はテイアの残骸と共に大量の破片となって地球周囲の軌道上に残ってしまった。

この破片同士が合体して月が誕生したのである。この月の形成は相当の短期間で起こったらしい。ある計算では僅か1カ月程度という想像を絶する値がはじき出されている。月の成因につい

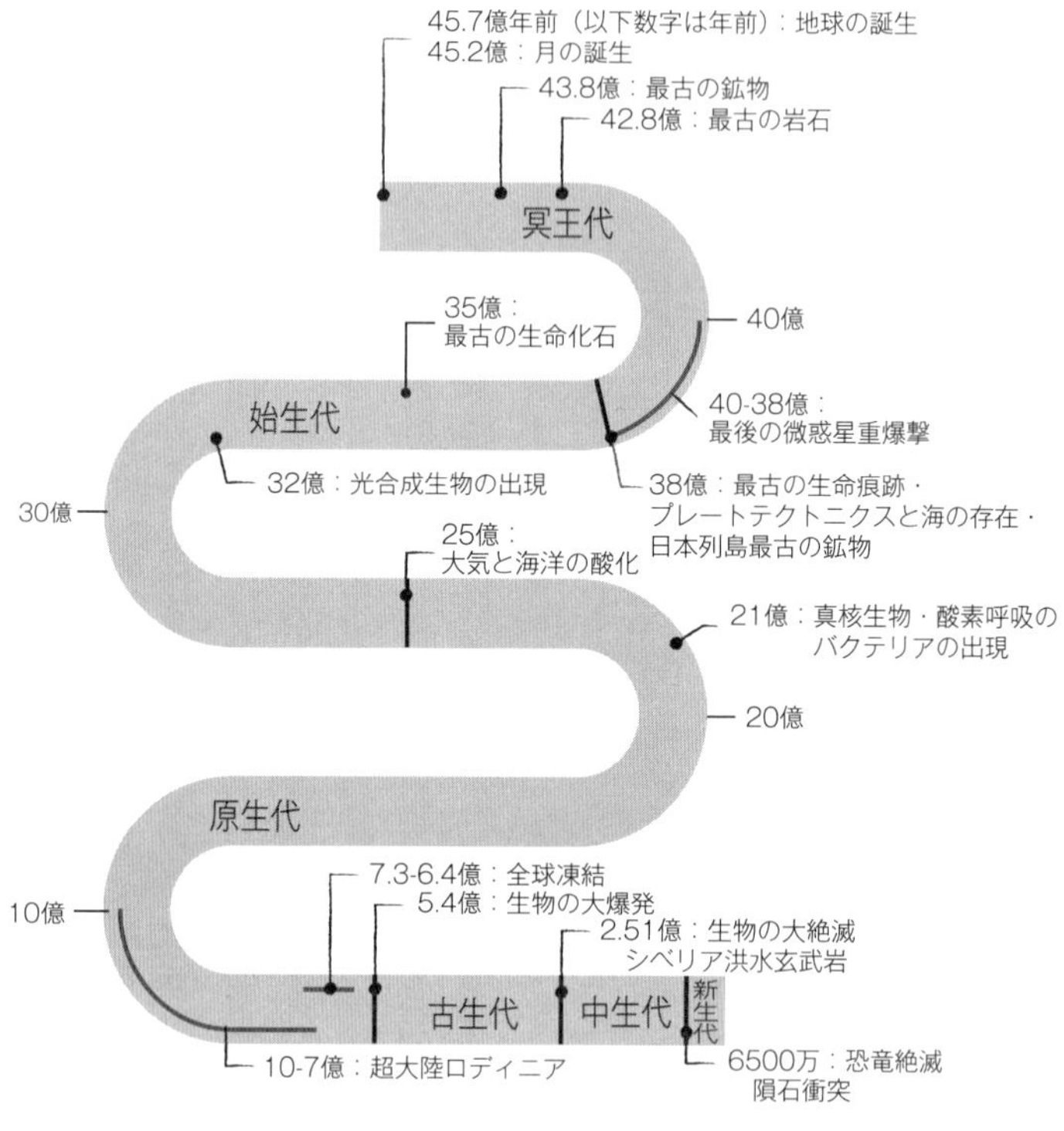
45.7億年前（以下数字は年前）：地球の誕生
45.2億：月の誕生
43.8億：最古の鉱物
42.8億：最古の岩石
冥王代
40億
35億：
最古の生命化石
40-38億：
最後の微惑星重爆撃
始生代
32億：光合成生物の出現
38億：最古の生命痕跡・
プレートテクトニクスと海の存在・
日本列島最古の鉱物
30億
25億：
大気と海洋の酸化
21億：真核生物・酸素呼吸の
バクテリアの出現
20億
原生代
7.3-6.4億：全球凍結
5.4億：生物の大爆発
10億
2.51億：生物の大絶滅
シベリア洪水玄武岩
古生代
中生代
新生代
10-7億：超大陸ロディニア
6500万：恐竜絶滅
隕石衝突

図3-2　地球史の大事件と地質年代

ては以前から諸説唱えられてきたが、現在多くの研究者がジャイアントインパクトの結果だと考えている。その最大の根拠の1つは、アポロ計画で採取された月の岩石の元素を解析した結果、地球の岩石と全く同一の特性を示したことである。また、地球と月が微惑星の集積によって独立で誕生した兄弟星であるならば、核（金属成分）が星全体に占める割合は同じはずである。しかし、月の核は地球に比べると異常に小さい。この特徴は、微惑星の集積だけでは説明することができない。一方ジャイアントインパクト説では、原始地球の核のほんの一部がはぎ取られたとすると、この問題も氷解する。最近の研究によれば、月の誕生は地球の誕生から約5000万年後の、今から45・2億年前であったという。

これほど大規模ではなかったにせよその後も微惑星の衝突は続いた。まだ多数の微惑星が太陽系内に散在していたのである。現在の地球ではその後の変動によって微惑星衝突の証拠はかき消されてしまっているが、月表面のクレーターがこれらのまるで重爆撃のような凄まじい衝突の様子を記録している。クレーターの形成時期を調べることで、微惑星の重爆撃は約40〜38億年前まで続いたことが判明している。また、この間にも地球ではマグマの海が徐々に冷え固まって行ったようだ。現存する地球最古の鉱物や岩石（それぞれ、43・8億年前、42・8億年前に形成）はこの冷却過程で造られたものである。

さて、微惑星の重爆撃の終焉と共に衝突エネルギーの供給はほとんどなくなり、地球は一方的に冷却の道をたどり始める。微惑星に含まれていた揮発性成分は高温の原始大気として地球を覆っていたが、やがて凝固し「雨」として地表へと降り注いだ。この雨は当初は火山ガスに由来する温泉水のように強い酸性を示していたに違いないが、地表を覆い始めた岩石と反応した水は急速に中和されていったはずである。こうして地球に「海」が誕生した。グリーンランドのイスアという所には約38億年前の地質体が分布する。この地層群が成す構造は、先に述べた四国などの付加体（沈み込むプレートの表層を構成する堆積物や岩石が、プレート運動によって掃き寄せられるように陸側のプレートに付け加わったもの）と酷似する。このことから、少なくともこの時代には立派な海が地表を覆っていて、さらにプレートテクトニクスの作動によって沈み込み帯に付加体が作られていたことが判る。また、この地層に残る有機物が、地球最古の生命の痕跡である可能性も指摘されている。

ところで、2010年8月に日本列島の歴史を塗り替える大発見があった。富山県宇奈月渓谷の花崗岩の中に37・5億年前という年代を示すジルコンという鉱物が見つかったのである。これまでの最古記録を大幅に更新したこの鉱物の年代は、先に述べたイスアの地層の年代と同じであり、まさにプレートテクトニクスがこの地球上で始まった頃に結晶化したものなのである。日本列島にも、こんなにも地球創世期の記録が残っていたのだ。少し誇らしい気がする。

現時点で最も確からしい地球最古の生命化石は、西オーストラリア・ピルバラで発見された約35億年前の「好熱性嫌気性古細菌」である。厳つい名ではあるが高温の熱水が湧出して、無酸素状態で硫黄などを食していたバクテリアである。しかし、32億年前に発現した光合成生物によって地球の様相は一変する。この効率よい代謝機能を獲得したシアノバクテリアと呼ばれる者たちは瞬く間に生物界の支配者となった。そして、25億年前には彼ら彼女らが放出する酸素は海洋と大気を急速に酸化したのである。一方で、このような酸化事件に対してミトコンドリアという器官を体内に備えて酸素呼吸を行うことで対応する生物も現れた。21億年前に誕生した動物・植物・菌類などの共通の祖先、真核生物である。

このようなバクテリアたちが急速に大型化を果たしたのが約5・4億年前の「カンブリア大爆発事件」である。そしてこの事件には、プレートテクトニクスによって出現した超大陸ロディニアの存在が大きく影響しているらしい。

約10～7億年前の赤道付近に配置されたこの大陸からは、活発な風化作用によって大量のマグネシウムやカルシウムが海中へ運ばれていた。これらのイオンは海水中の炭素と酸素と結合し炭酸カルシウム（石灰岩）などの炭酸塩を沈積する。海水中でどんどん消費される炭素は、海水と大気の間で平衡が成り立つために、大気中の二酸化炭素を海水中に取り込むことで補われた。その結果、大気中の温室効果ガスは激減し一挙に寒冷化が進み、遂に地球はほぼ完全に凍結してしまった。いわゆる「全球凍結事件」である。それでもなお、海底深くの未凍結の海水中には息をひそめて暮らす生物はいた。これらが凍結の終焉と同時に、待ちわびた〝春〟の到来と共に活発に活動し、急速な大型化を図ったのも頷ける。その後生物たちは、シベリアでおきた洪水のようなマグマ活動（2億5100万年前）や隕石の衝突（6500万年前）に端を発する「大絶滅」を経験しながらも、地球と共に進化を続けてきたのである。

地球内部の構造と温度

この章の目標は、日本列島に数々の変動を引き起こす原因であるプレートテクトニクスがなぜ地球で起こるのかを理解することである。プレートについては、温度によって岩石の粘性（硬さ、粘り気）が大きく変化することが原因で形成されることは既に述べた。それ故プレートテクトニクスのことを調べるには、地球内部の温度状態を知ることが必須である。しかしこれはかなり困難な命題でもある。理由は簡単で、地球内部の温度を直接測ることができないからである。人類が到達した最も深い地点は、現ロシアのコラ半島で行われた掘削で到達したたった12キロメートルである。地球の半径6400キロメートルと比べればほんの僅かである。

一方で私たちは地球の中が地表に比べて高温であることはよく承知している。灼熱のマグマの噴出もその証拠であるし、また地中深くまで延びた坑道は蒸し風呂のように暑い。地下の温度上昇の割合を示す指標として「地温勾配」なるものがある。これは坑井などにおける温度データを基に算出したもので、付近に火山や温泉などがない場所ではおおよそ100メートル当たり3度ずつ地下の温度は上昇する。仮にこの割合がずっと地球深部まで続くものとすれば、地下100キロメートルで3000℃、マントルの底では8万7000℃となる。しかしこれはいかにも不合理だ。なぜならば、このような温度ではマントルを成す橄欖岩は完全に溶融状態にあり、このことは前述の「固体のマントル」とは相容れないのである。ではいかにして地球内部の温度を推定するのか？　それは、地球内部の構造を最も巧く解釈できる温度を採用することに他ならない。

地球内部には、モホ面と同じように地震波の伝わり方が急変する「不連続面」がいくつか検出される（図3－3）。念のために申し添えておくが、この面では地震波が反射したり屈折したりするのであって、決してここで地震が起きる訳ではない。地球内部には深さ2900キロメートルに最も顕著な不連続面があり、これがマントルと核の境界である。さらに核の内部には5100キロメートルの深さにも不連続面が認められ、これをもって外核と内核を区分する。一方でマントル内には400、670、2700キロメートルの深さに立派な不連続面が観測される。通常670キロメートルより浅い部分を上部マントル、それよ

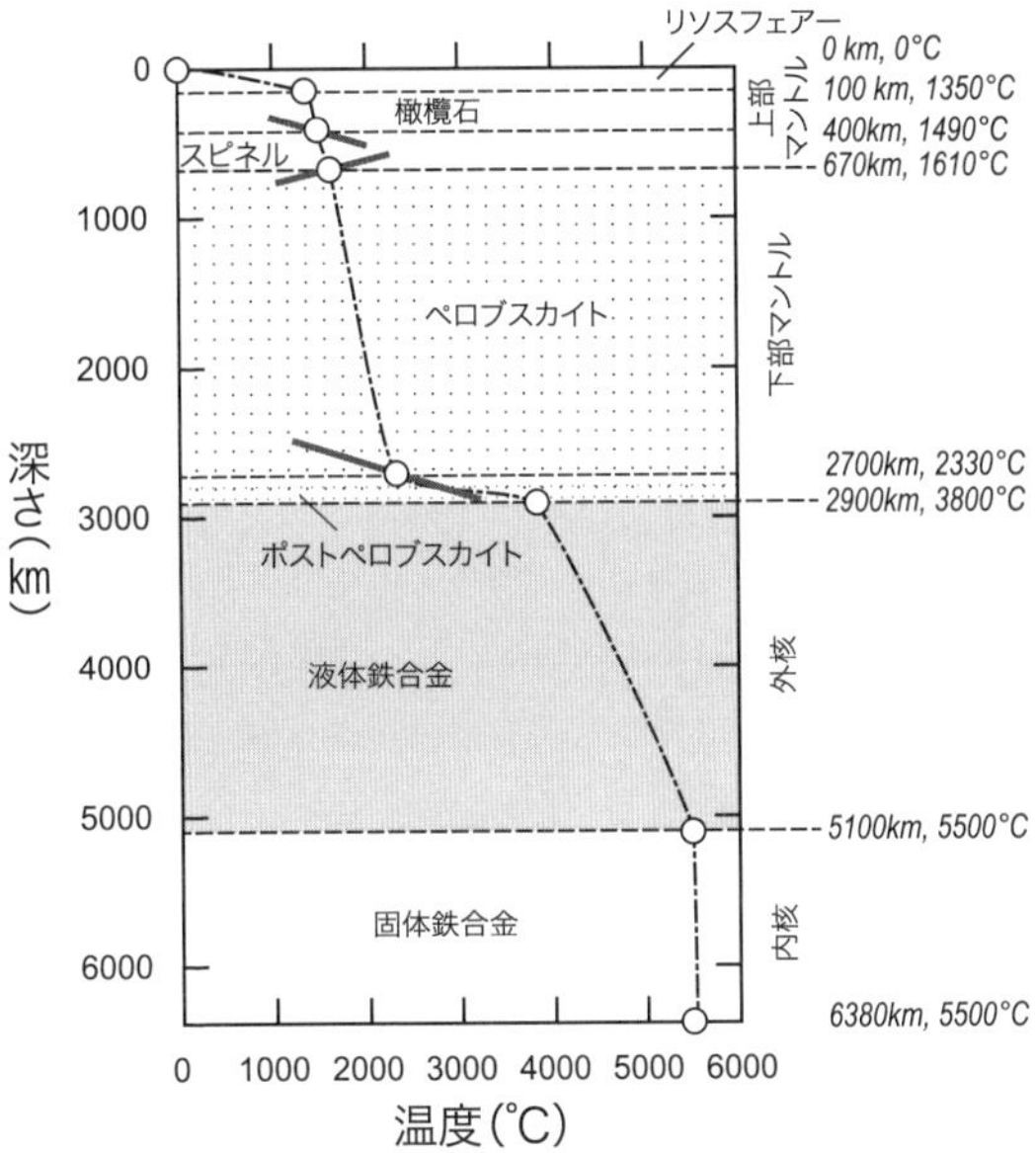

図3－3　地球内部の構造と温度分布。マントルの温度は橄欖石-スピネル-ペロブスカイト-ポストペロブスカイトの反応線（実線）と地震波不連続面の深さに基づき、核については、鉄ニッケル合金の融点に基づいて推定する。

り深い部分を下部マントルと呼ぶ。

マントルはほとんどが固体の岩石で組成されることは既に述べたが、鉄ニッケル合金よりなる核では、外核は横波のS波が伝わらないので溶融状態、それに対して内核は固体である。この状態の違いがそれぞれの境界に不連続面を発生させているのである。では、マントルに内在する不連続面はいかなる現象に対応しているのであろうか？　それぞれの層が異なる組成を有するためにそれらの境界で地震波の伝わり方が急変すると考えるのも1つの策ではあるが、これはいかにも場当たり的である。なぜならば、そのような組成差を引き起こす合理的なプロセスを提案することは決して簡単ではないからである。それよりも、マントル全体はほぼ等しい組成を持つとする方がずっと単純である。できるだけシンプルなモデルを考えて、まずそれを検証するのがサイエンスの常道だ。もちろん人類は未だマントルには到達しておらず、その組成を直接調べることは叶っていない。しかし先に述べたように、小惑星帯から飛来する隕石物質が地球の原料であるとすれば、その組成から鉄合金からなる隕石の1つである隕鉄を核の組成として差し引けば、マントルの組成が橄欖岩に相当することを推し量ることができる。さらに、マントルの浅い所では橄欖岩の大半を占める橄欖石も、更に深い部分ではその高温高圧状態に耐えきれず、より高密度な鉱物へと変化するであろうことも容易に推察される。

このような地球内部の条件を再現して鉱物や岩石の安定性を調べる実験的研究は、地球科学の重要な分野の1つである。そして、わが国はこの分野で常に世界をリードしてきた。その伝統は脈々と受け継がれ、2010年には私たち、海洋研究開発機構・東京工業大学・高輝度光科学研究センターの共同研究チームが、地球中心の条件を再現することに世界で初めて成功したのである。この実験では、1カラットにも満たない小さいダイヤモンドで試料を挟んで、ネジで締め上げて圧力をかける。温度を上げるにはレーザー光を使う。高価なダイヤモンドを使う理由は、この鉱物が私たちの知る限り最も硬く高い圧力を発生できること、物質の状態を解析するために用いるX線や加熱のためのレーザー光を通すからである。失敗すると20万円以上もするダイヤモンドが一瞬にして割れてしまうので、実験をする時は結構緊張するものである。

では、マントルに関する研究成果を概観しよう。図3-3に示すように、マントルを構成する橄欖岩は、その主要な鉱物の構造が深さと共に、橄欖石→スピネル→ペロブスカイト→ポストペロブスカイトと変化する。先にも述べたように、圧力の増加に対応して、鉱物がよりコンパクトな構造に変化するのである。スピネルは英国王室の大礼用王冠の中央を飾るジュエリーであり、ペロブスカイトは酸化物高温超伝導体に特有の構造である。橄欖石(ペリドット)を始め、このように地表では希少な鉱物が地球内部を主要に構成することは興味深い。これらの構造変化が起こるおおよその温度・圧力条件(反応線)を、図3-3に示す。それぞれの変化がほぼ不連続面に相当する深さで起こることが判る。したがって、これらの鉱物相の変化が不連続面の要因であるという立場に立つならば、地震学的に検出された深さと実験結果を併せることで、図に示すように不連続面に相当する深さでの温度(図では白丸:実線で示す反応線と破線で示す不連続面の深さの交点)を求めることができるのである。

前述のように外核は液体、内核は固体である。つまり外核と内核の境界は、鉄ニッケル合金の

5100キロメートルに相当する圧力下での融点に相当する。その温度は約5500℃である。一方で外核の上限では融点以上の温度であるはずであるから、鉄ニッケル合金の性質から3800℃と推定して問題ないだろう。ところで、核の中で内核の占める体積は僅か4%程度であり、このように矮小な内核では縦いその内部に温度差があったとしても熱は簡単に拡散し、温度は直ちに均質化するはずである。この考えにより、地球中心の温度は内核表面と同様5500℃と推理できる。

一方で、地表の温度は深海底の温度、0℃とする。また、厚さ約100キロメートルのプレート（リソスフェアー）直下のアセノスフェアーの温度は、海嶺で海洋地殻となる玄武岩質マグマを作るに十分な温度、即ち1350℃と定める。

このようにして求めた深さと温度を表す点（図の白丸）を結ぶと、地球内部の温度分布を描くことができる。これが現時点で最良のモデルではあるが、特に核の温度を推定することはまだまだ難しい。というのも、地球の質量に起因する重力の解析から推定される核の質量は鉄ニッケル合金のそれよりも小さい。つまり、核には鉄とニッケル以外にこれらに比べて軽い元素が含まれていなければならないのである。そのような元素の候補としては炭素、酸素、水素、ケイ素などがあり、現在世界中の研究者たちがこの元素の種類と濃度を特定しようと奮闘しているが未だそれは果たされていない。そして都合が悪いことに、これらの元素が少量でも加わると合金の融点が大きく変化する可能性があるのだ。謙虚に言うならば、未だ人類は地球中心部の温度と組成を正しく知らないのである。

マントルは対流する

ある程度の不確実性は許容しなければならないが、それでも地球中心は5000℃を超える極めて高温の状態にある。一方表面付近はほぼ0℃である。僅か6000キロメートル余りの距離にこれほどの温度差がある状態を自然が許すはずもない。熱移動により温度の均質化を図るのが道理というものである。熱いお茶を放置すると、周囲へどんどん熱が逃げて、お茶がだんだんと冷めてゆくのと同じ理屈だ。

熱を伝えて温度差を解消するには3つの方法があることは、小学校でも教えるところである。それは「放射（輻射）」「伝導」「対流」。放射は高温の物体から発せられた電磁波を他の物体が吸収することで熱を運ぶメカニズムである。高温に熱した物体が赤く見えるのは、赤色の光が電磁波として放出されているせいである。しかし地球内部のように熱吸収率が極めて高い物質がぎっしりと詰っている状態では、放射によって熱を運ぶのは不可能である。

伝導と対流は共に高温部における原子の振動（熱振動）が伝わるものであるが、前者は直接に接した物体間での熱振動の伝搬であるのに対して、後者は流体の流れを伴う。ある物質に温度差が生じた場合に、伝導と対流のいずれの作用が温度を均質化するのに効果的に働くかを予想する指標が「レイリー数」である。英国の物理学者第三代レイリー男爵の業績にちなんでこの名称が用いられる。この指標はいくつかの物性・状態で表されるが、簡単に言ってしまうと、対流による熱の運搬効率を伝導による効率で割った値である。つまり、レイリー数がある値より大きくなれば熱の移動は対流によって、逆に小さくなると熱伝導で行われる。この境となる値を「臨界レイリー数」と呼ぶ。もちろん臨界レイリー数は考えている物体のスケールや内部での発熱などの条件によって変化するが、おおよそ数千程度の値である。

それでは、マントルのレイリー数はどれ位であろうか？　マントルについて代表的な物性や温度を用いると、そのレイリー数は30万から1000万程度となる。これは臨界レイリー数よりはるかに大きい。したがって地球のマントルは、核から供給される熱や自身の発熱で作ったエネルギーを、熱伝導ではなく対流によって運搬しているのである。

岩石のようにいかにも硬い物体が対流するとは直感的に受け入れ難いかもしれない。しかし、硬そうに見える砂岩などの地層が、ぐにゃりと褶曲していることを思い出していただきたい。人間の時間スケールではなく地球の時間尺度で見ると、岩石も流動するのである。しかもレイリー数は層の厚さの3乗に比例する。例えばマントル層の厚さが数十キロメートル以下であるならば、他の値が同じだとしてもそのレイリー数は1000程度となり、もっぱら伝導によって熱は運ばれるはずである。マントルでは対流が起こるにもかかわらず、同じように岩石で作った溶岩プレートなる道具を用いて、熱伝導でプレートを加熱してバーベキューを楽しむことができる原因は、マントルと溶岩プレートでは厚さが大きく異なることに帰するのである。

マントルが対流する。それは、超高温の地球中心から地表へと運ばれる熱エネルギーを使って、マントル対流という「仕事」をしていることを意味する。地面や海面で温められた空気が上昇気流となり、これが原因で空気の対流つまり風が起きる。風は風力発電として私たちに有益なエネルギーを作り出すので「仕事」と理解しやすい。マントル対流も全く風と同じ原理で起こっているのである。後に示すようにマントル対流の現れの1つがプレートの運動である。したがって、プレートの運動で引き起こされる山地の形成、地震・火山の活動などが、マントル対流が行う仕事と言うことができる。熱を仕事に変換する。言い換えると、地球という惑星は巨大な「熱機関」つまりエンジンなのである。では次にこの熱機関地球の熱収支を調べて、マントル対流がどれほどの仕事量であるのかを見積もってみよう。

地球の熱収支に関して直接観測可能な量は、地表からの熱放出量である。これは地球上の各地点で地温勾配を測定して、その地盤の熱伝導率を乗じることで求めることができる。一般に陸域の方が放射崩壊する元素（カリウム、ウラン、トリウムなど）の濃度が高いために熱量が大きくなるが、海洋は陸域の3倍以上の面積を有するため熱放出総量は全海洋域で32テラワット（テラは10の12乗、すなわち兆を表す接頭語である）、大陸域では14テラワットとなる。つまり、地球表面からの総熱放出量は46テラワットである〔図3－4〕。これは全世界で消費する年間総エネルギー量とほぼ同じであるので、やや妄想的ではあるが、地熱エネルギーを完全活用できれば文明社会のエネルギー問題は一挙に解決することになる。一方で、46億年かけて悠々と進化してきたこの惑星が放出するのと同じくらいのエネルギーを、地球全体から見ればちっぽけな存在である人類が人工的、非自然的にたった1年間で作り出し消費している。なんだか気持ちの悪い符合である。

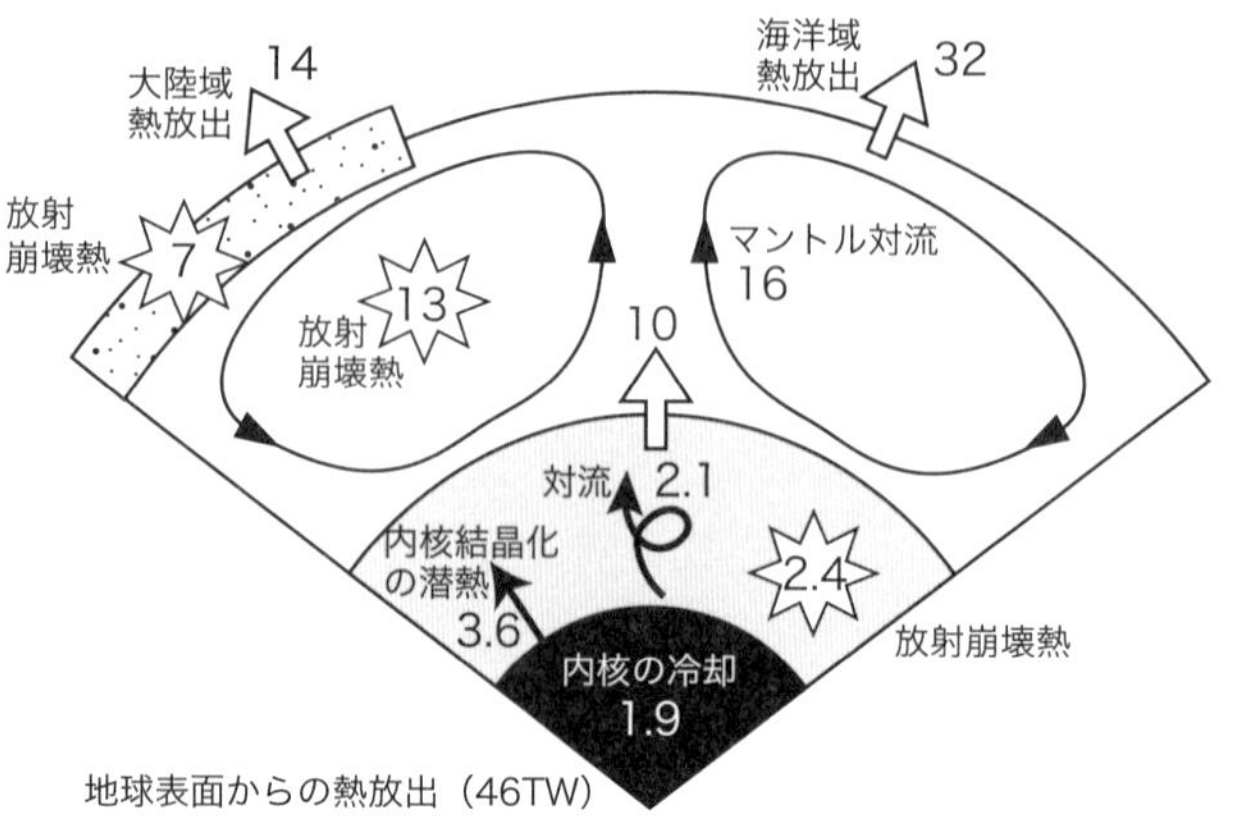

地球表面からの熱放出（46TW）
＝大陸域熱放出＋海洋域熱放出
＝（大陸地殻＋マントル）の放射崩壊熱＋マントル対流＋核からの熱放出
核からの熱放出＝内核結晶化の潜熱＋対流＋放射崩壊熱＋内核の冷却熱

図3－4　熱機関としての地球

次に、地球中心核が担う熱量を検討する。その総量は割と正確に見積もることができる。すなわち実験的に求めたマントル最下部物質の熱伝導度、その部分の温度勾配（図3－3に示すマントル最下部層の上面と下面の温度差を厚さで割った値）、それに核の表面積に基づくと、核から放出される熱量は10テラワットである。この熱には内核が結晶化する際の潜熱、外核の熱対流、核の中に含まれるカリウムなどによる放射崩壊、それに内核の冷却の4つの要素が含まれる。既述のように、核の中にどのような軽元素がどれほど含まれているかはまだ不明であるが、ここで示す値はカリウムを300ppmとした場合である。この値は、私の感覚ではやや多めである。最後の熱、内核の冷却はいわば、地球創世期に起こった核の形成時に獲得した熱エネルギーである。地球が、未だに40億年以上前のエネルギーをその内部に蓄えているとはいかにも霊妙である。

さて、地殻やマントルは核に比べて遥かに多量に放射性核種を含む。もちろんこれらの核種は、原子炉の中のように連鎖反応を起こして厖大なエネルギーを発する訳ではないが、それでもなお放射線を出して他の核種へと変化する際に崩壊熱を出す。その作用で大陸地殻においては7テラワット、マントルでは13テラワット、合計20テラワットの内部発熱が起こるとされている。結果、地表からの熱放出（46テラワット）から放射性発熱と核からの熱流入を差し引いた値、16テラワットがマントルの冷却に相当する。その仕事を行っているのがマントル対流である。この概算によって、マントル対流が地球の熱史にいかに多大なる貢献をしてきたかが推察できる。


マントル対流は、熱機関地球の営みの必然の結果である。ではそれはどれほどの空間的スケールで起こっているのであろうか？　この問題はマントルの進化を考察する上で極めて重要である。仮にマントルが1つで対流するなら、その作用によってマントル全体が均質化しようとする。一方で、上部と下部マントルが各々独立に対流するのであれば、地殻の形成などの化学的分化の影響は上部マントルに限られ下部マントルは創世期の組成を保っている可能性がある。

医療分野で使われるCTスキャンのように、地球内部の様相を地震波を用いて検査すると、マントル対流の規模について重要なことが判明した。日本列島などの沈み込み帯でマントル内へ潜り込むプレートはマントル対流の下降域であるが、このプレートはそのまま下部マントルへ貫入するのではなく上部マントルの底付近に横たわっているのである。例えば日本海溝から沈み込む太平洋プレートは、日本海中央部の直下付近で横臥《おうが》し始め、その先はるか中国内陸部の下まで上部マントルの底に滞留している。つまり、マントル対流はマントル全体で起きている訳ではなく、上下2層に分かれた系を成している可能性が高いのである。

このような2層対流の原因を、マントルを組成する鉱物の特性を用いて検討してみよう。前述のように、深さ670キロメートルあたりの上部マントルと下部マントルの境界は橄欖岩を構成する主要な鉱物種の変化が原因で発生する。すなわち、上部マントルは主としてスピネル構造の鉱物、下部マントルはペロブスカイト構造を有する鉱物からなる（図3－3、3－5）。もちろん後者の方が高密度である。この鉱物種の変化が起きる温度と圧力の関係を示す反応線と、マントルの温度分布の交点Pが670キロメートルの深さに相当する（図3－5）。さてここで注目すべきは、この変化線の温度と圧力の関係である。これがマントル対流の様式をコントロールしているのである。少し難しいかもしれないが、これが理解できると地球の中の様子や動きがとてもよく判ること受け合いである。

実験的研究によればスピネル－ペロブスカイトの変化は、深くなると（圧力が大きくなると）低い温度で起こるようになる。ここでまず、落下するプレートもしくはマントル下降流内における鉱物変化を考える。この部分は周囲のマントルより低温であるために密度が高くなり、下降落下しているのである。その場合、スピネル→ペロブスカイトの変化線が図のようになっているので、670キロメートルの上部マントル・下部マントル境界に達しても（点B）、下降流の中では鉱物の変化は起こらない。したがってこの部分は、周囲のマントルが高密度なペロブスカイトに変化するにもかかわらず、低密度のスピネルのままである。結果プレートやマントル下降流は落下の原動力を失い下部マントルへ入り込むことができない。つまり落下が停まって上部マントルの底に滞留せざるを得ないのである。マントル上昇流内部でも同様に、低密度のスピネルへの変化が起こらずに上昇流は頭打ちとなる（図3－5のC）。

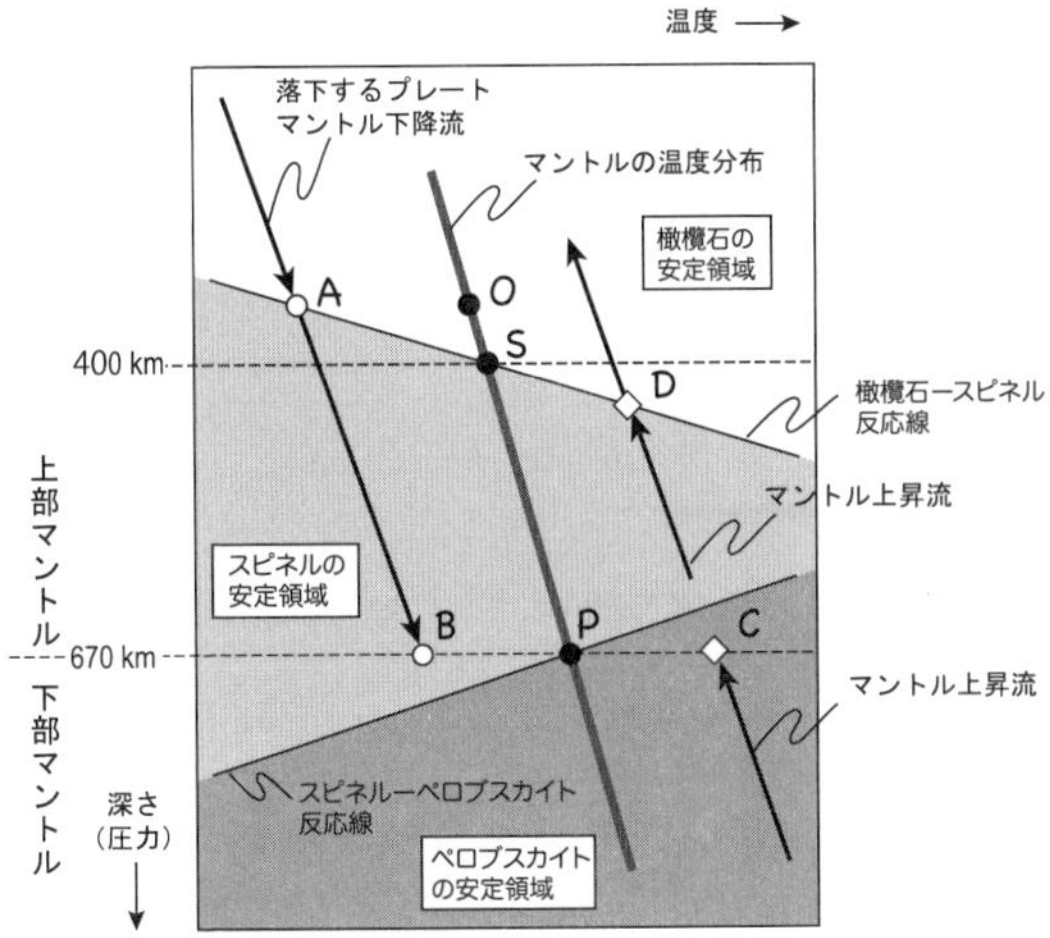

図3-5　2層対流の原因

では、上部マントルの中にある400キロメートル不連続面ではどうなるのだろうか？　この面は、橄欖石－スピネルの変化に対応している（図3－3）。しかし、この変化線の温度と圧力の関係は、先ほどのスピネル－ペロブスカイトの場合と反対なのである（図3－5）。したがって下降流のなかでは高密度のスピネルへと橄欖石が変化する時には周囲のマントル（点O）ではまだ軽い橄欖石のままである。つまり、下降流はより促進されるのである。同様に上昇流においては、点Dにおいてマントル物質は何ら遮られることなく上昇を続けることになる。つまり、上部マントルでは1つの対流系を形成しているのである。

一方、下部マントルも1つの層として対流しているとおもわれる。それは、マントル最下部を構成するポストペロブスカイト（図3－3）とペロブスカイトとの反応線は、先ほどの橄欖石とスピネルとおなじような温度と圧力の関係を示すのである。この場合、マントルの底にあるポストペロブスカイトは熱せられることで低密度のペロブスカイトへと変化し、温度上昇による膨張の効果と相まって上昇し始めるのである。

なんとか理解いただけたであろうか？　マントルは2つの層に分かれて対流しているようである。しかし、私たちが南太平洋域のホットスポット火山の岩石を調べると、どうもマントルの底で起こった反応の痕跡が残っているようなのである。ひょっとすると、基本的には2つの層に分かれて対流するマントルも、何らかの物質のやり取りを行っているかもしれない。地球とは、結構複雑である。

マントル対流とプレートテクトニクス

先にプレートテクトニクスの原動力について検討し、プレート運動はマントル対流に牽引されるのではなく、沈み込むプレートに働く重力が駆動すると結論した。一方で、そもそもプレートが地球表面に出現する理由、そしてプレート運動が始動する理由をマントル対流との関連で考察することは、これまでの地球変動の様相を理解し、さらに今後の変動を予測する上でとても大切である。

物質の粘性（粘っこさ、硬さ）は温度の違いに敏感に左右されることは、先に熱した鉄の例を挙げて述べた。実はこの作用こそが地球にプレートが出現する根本的な要因なのである。物質の粘性はその場所の温度、圧力によって変化する。ここで重要な点は、粘性は温度が上昇すると低下する、すなわち物質は軟らかくサラサラになり、逆に圧力（深さ）が大きくなると粘性が増加することである。しかも、温度や圧力がわずかに変わっただけでも粘性は大きな変化を示す。

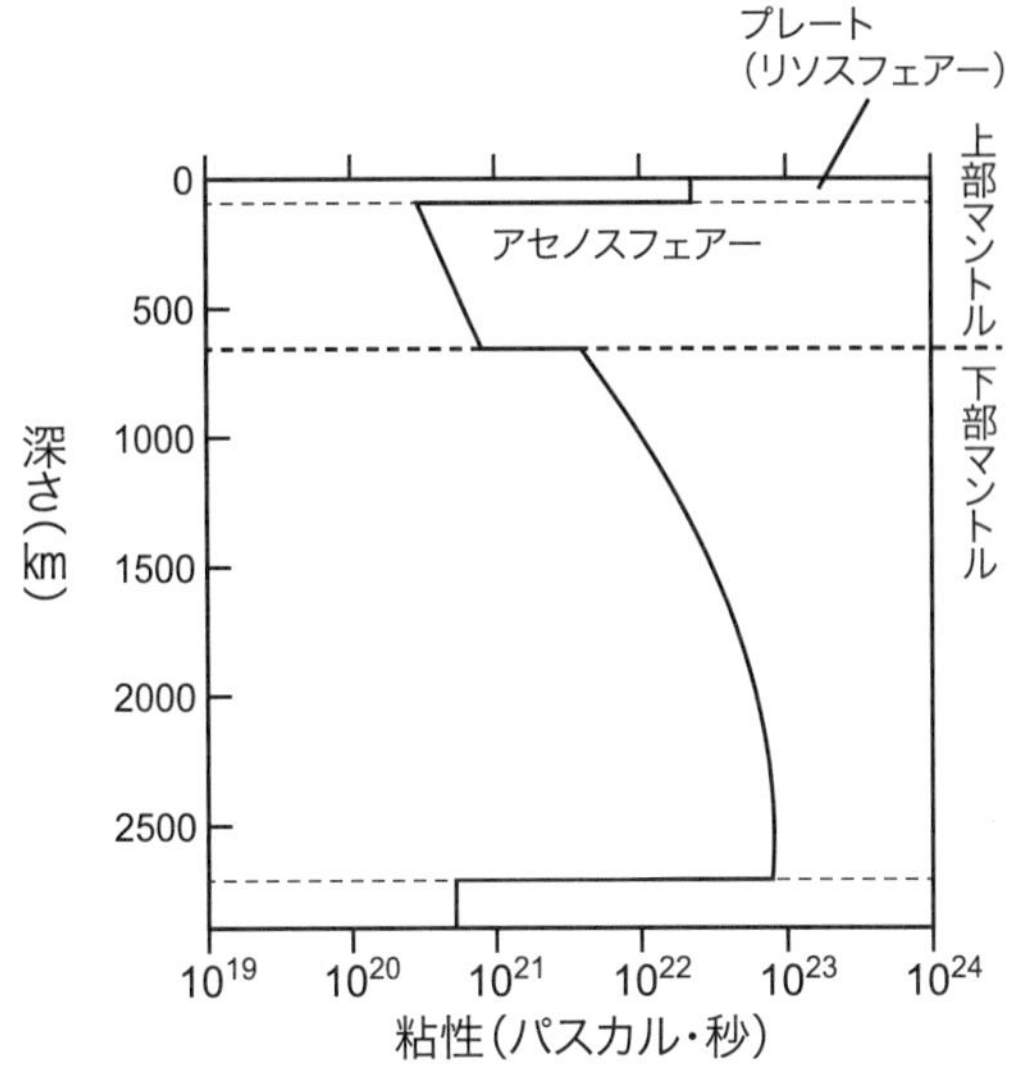

図3－6　地球内部の粘性

　地球内部では、圧力が大きくなると（深くなると）温度は高くなる。このことと、先に述べた粘性と温度・圧力との関係を考慮すると、図3－6に示すような地球内部の粘性プロファイルを描くことができる。地表から強烈に冷却される浅部マントルと、核から多大に熱を受け取るマントル最下部では、温度が急激に変化する効果が粘性を大きく支配する。一方で、その他の大部分のマントルでは圧力増大の効果が強く、深さと共になだらかに粘性が増加する。上部マントルと下部マントルの境界で見られる粘性のジャンプは、鉱物相の変化（スピネル→ペロブスカイト）による物性の変化に起因する。

マントルの粘性プロファイルにおいて注目すべきは、その最上部に現れる高粘性、つまり文字通り「岩乗な」層の存在である。その直下のマントルでは低粘性であるが故に活発な対流が予想されるのに対して、この層は不動でありもっぱら伝導によって熱エネルギーが地表面へと運ばれる。この層こそが「プレート」または「リソスフェアー」と呼ばれる岩盤である。一方で、プレート直下には粘性の低い、つまりサラサラと流れるマントル、アセノスフェアーが存在する。

ここで粘性に基づいて予想したプレートの成形は、数値計算によってもよく再現されている。マントル物質は流体としては粘性が高く、実験室でその運動を再現することは非現実的である。また、マントル対流を記述する方程式が複雑な形をしているために、数学理論的に方程式を解くことが困難となる。これらの理由で、マントル対流の再現実験にはスーパーコンピューターの如き高性能マシーンを用いて、物質の動きを順次計算するのが一般的である。この方法で前述の2層対流や、横臥するプレートの間欠的崩落などの現象もかなり忠実に描像化することに成功している。

しかしまだ、最も肝心な現象が復元されていない。それはプレート運動の始まりである。スパコンが描き出すマントル対流の様相を図3-7に模式的に示す。2層対流などの特徴は省略して簡略化したこの図で注目すべき点は、地表を覆う広大なプレートの存在である。それはまるで不動の蓋のように振る舞う。つまり、マントルの対流運動は専ら「不動蓋」より下部のアセノスフエアー領域に限られ、その影響は微塵もプレートには及ばないのである。

この状況では、マントルより冷たく重いプレートがある厚さにまで成長した途端、重力不安定が発動しプレートの大崩落が突発する。その後には、新たな薄いプレートが再び蓋となる。このような「全球表面更新事件」は、プレートテクトニクス不在の金星で起こったと示唆されている。

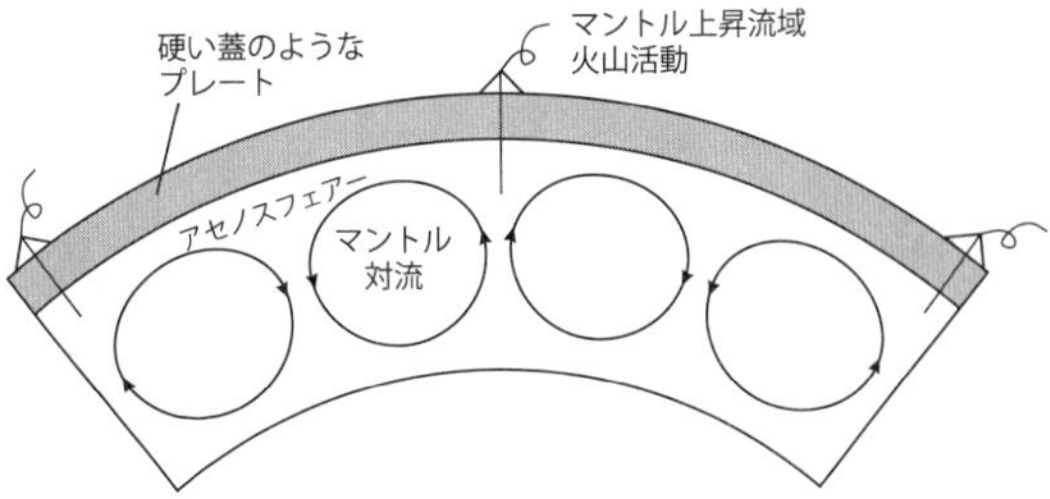

図3-7　プレートの硬い蓋とマントル対流

ひるがえって地球では、沈み込みを伴うプレート運動が長期間（少なくとも38億年間）安定的に継続し、地表面の更新は海嶺で漸進的に進行するのである（62ページ、図2-1）。

これは、冷却に伴いプレートが誕生した地球で、一体なぜ不動蓋の状態からプレートテクトニクス、つまりプレートの沈み込みが駆動したのかという根本的な問題である。にもかかわらず未だ解決を見ない難問である。現存するプレート、特に大陸プレートには、「縫合帯」と称するプレートの衝突・合体の「傷跡」が内在する。例えば、インド大陸がアジア大陸に衝突した際には収束境界（海溝）が縫合帯に変容したし、日本列島に代表される沈み込み帯に存在するいくつかの付加体の境界も小規模な縫合帯と見なせる。これらの縫合帯は、力学的な観点ではある種の弱線のように振る舞う。つまりプレートに働く応力が、これらの弱線に集中するのである。その結果、不安定化した硬い蓋プレートがこの地帯から落下するこ

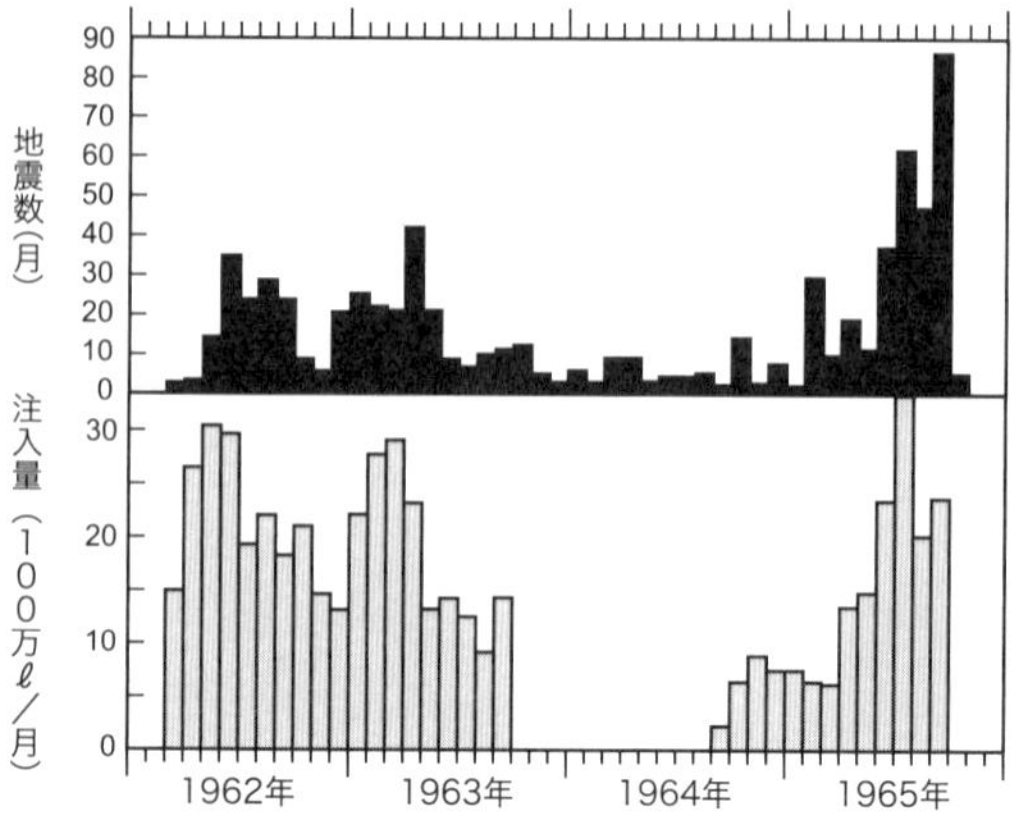

図3-8　デンバー地震

とは想像に難くない。実際コンピューターシミュレーション上で、その様子は再現されている。しかしこの一見明快な理論は、弱線の発生を過去の収束境界（沈み込み帯）に求めた時点で勇み足同然であり、地球上でプレート収束境界である沈み込み帯が発現した根本的原因を解明したことにはならない。不動蓋プレートの沈み込みが、縫合帯という過去の沈み込み帯の傷跡で起こると主張するからである。

　未解決の問題にひるむのも無念である。なんとか解決の糸口を見つけたいと思う。そこで想起する忌まわしい事件がある。「デンバー地震」として知られるものだ。近頃はマラソンの高地トレーニングで有名な米国コロラド州デンバー市の北部では、１９６２年早春に群発地震が勃発した（図３－８）。多くはＭ４以下の地震であったが、中にはＭ５に達するものも検知された。この地ではそれ以前は80年間も地震の経験がなく、街は緊張と不安に包まれた。

　やがて重大な事実が判明した。群発地震の震源域には米軍ロッキーマウンテン兵器工場が立地する。この工場で、化学兵器製造の廃液を地下2000メートルを超える井戸に注入を開始した時期と、群発地震の発生時期が見事に一致したのだ。当然当局はその因果関係を否定したが、1963年9月に一旦注入を停止すると地震の発生回数は激減した。しかし、処理の必要性に駆られて1年後に注入を再開した途端、またもや地震は増加し、さらにその回数は注入量と完全に相関を示したのである。ついに1965年9月に廃液処理計画は中止に追い込まれ、直ちに群発地震は終息した。地下に浸透した水が地震、即ち地盤の破壊を誘発したことは明らかである。

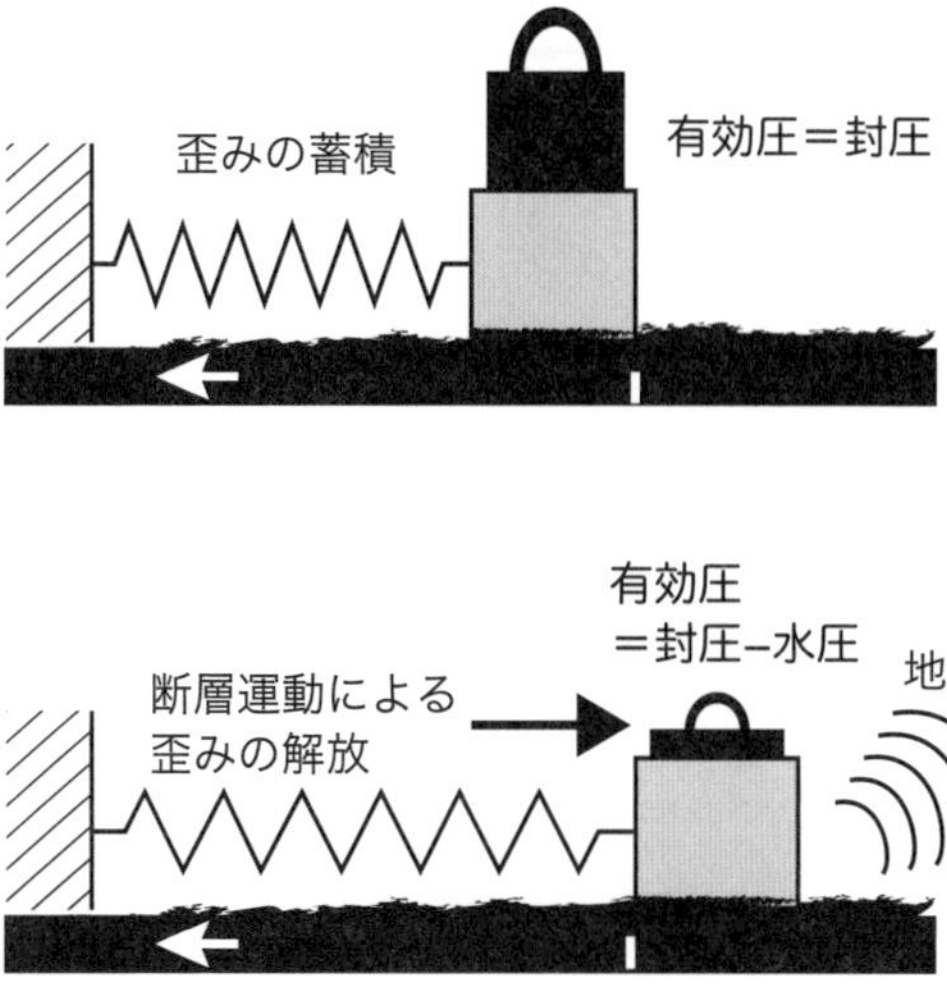

図3-9　水による有効圧の減少と地震活動

　同様の現象は、世界各地に建設された巨大ダムでも観察された。ダム湖の水位変化と地震発生回数が相関するのである。中にはインド西部のコイナダムの例のように、M6を超える地震が発生し犠牲者が出た例もある。またわが国でも、松代群発地震終息後の1970年、および1995年1月の兵庫県南部地震後2度にわたり、地震断層への地下注水実験が行われ誘発地震の発生が確認された。さらには、2009年以降急激に地震が多発するようになった米国中部のシェールガス田（シェールガス：細粒の堆積岩であるシェールの中に含まれる天然ガス）地域では、ガスの採掘に伴う廃水を地中へ再注入してきたが、これが地震を誘発しているという。懲りない人たちである……。

この現象の原因を再度バネの反発を例にして考えることにしよう（図3-9）。下にある物体にはその上に乗っている物体の重さのために圧力がかかっている。これを封圧または静水圧と呼ぶ。まず物体が岩石のみからなる場合、実際に岩石にかかる圧力（有効圧）は封圧に等しく、このために岩石は圧縮され強度が増すために破壊は起こさない。たとえると図に示すように、重りを乗せた物体はバネの歪みによっても動かない。しかし、その隙間に水（間隙水）が存在すると状況は一変する。間隙水自身も岩石と共に封圧を支えるが故に、岩石にかかる有効圧は間隙水圧の分だけ減少する。結果、バネの力に耐えきれず物体が移動、即ち破壊が起り、地震が発生することになる。つまり、間隙水の存在が物質の破壊強度を減少せしめるのである。

この理論は当然岩石が構成するプレートにも適用できる。地表一面を覆う硬い蓋プレートには、自重やマントル対流の牽引力などの力により歪みが蓄積するが、自身の強度がこれらに打ち勝っているために破壊は起こらない。しかし、地表に液体の水（海水）が存在すると、その水が内部へ浸透することで破壊強度は低下し、割れ目（クラック）が生じる。これらのうち大きな割れ目にはますます応力が集中し、結局大断層に発達するであろう。このように発達した弱線がプレートの落下を容易にし、沈み込み帯へと発展するのである。ひとたびプレートが沈み込み始めると、先にテーブルクロスの例で説明したように、どこかが裂けて海嶺が生まれる。これでプレートテクトニクスは成立する。

つまるところ、地球では硬い蓋プレートが頑なに存在し続けることなく、プレートテクトニクスが作動するのは、この惑星の表面に液体の水が存在することが究極の原因であると思われる。こう考えると、水が存在しない他の地球型惑星でプレートテクトニクスが発動していないことにも合点がいく。

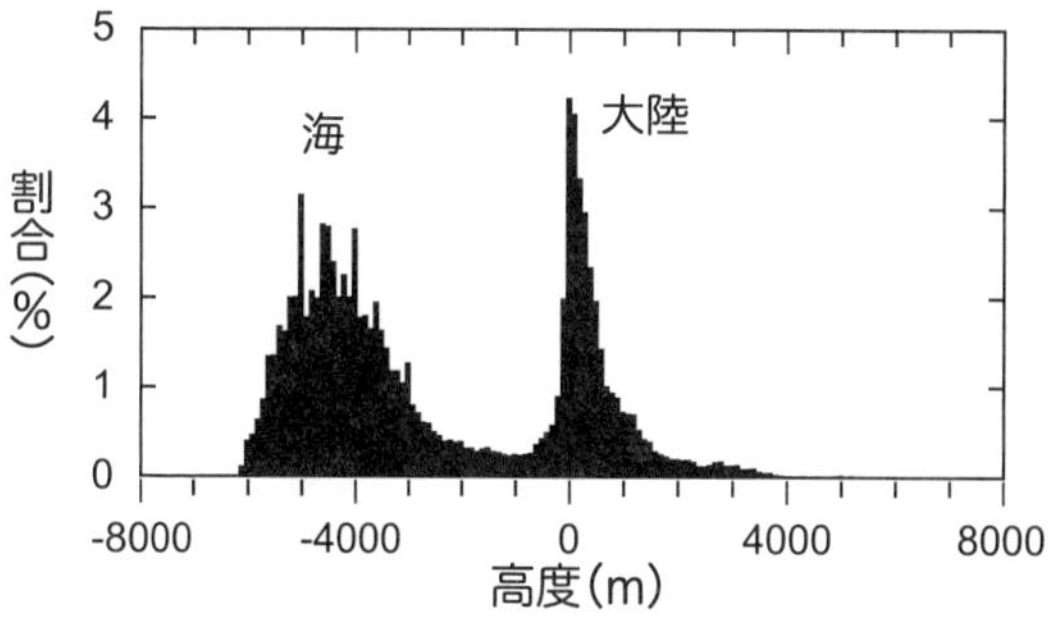

図3-10　地球表面の高度分布

ここで、海の存在とプレートテクトニクスとの関係においてもう1つ言及すべきことがある。

海は決して一様に地球表面を覆っているわけではない。水が地球表層の低地に集まった場所が「海」である。翻って、高地は「陸」と称呼する。陸の大方は大陸である。図3－10の高度分布を見ると、地球の表面は数百メートルとマイナス4500メートル辺りに2つのピークを持つ二極分布を示すことが判る。言うまでもなくそれぞれが大陸と海に対応する。地球はしばしば「水惑星」と表現されるが、見方を変えると「陸惑星」でもあるのだ。

他の地球型惑星の表面地形についても、惑星探査機によるレーダー観測の結果に基づき相当の詳細が既に解明されている。

たまげたことに、その結果は地球とは極めて対照的である。即ち金星と水星ではその高度分布は、図に示した地球のように2つになるのではなく、単一のピークを持つ。また、火星は一見地球のように2つのピークを示すが、これは火星で質量の中心と形状の中心が大きくずれていることが原因で起こる現象であり、この効果を補正すると単一のピークとなる。他の地球型惑星にはそもそも海となるべき窪地が存在しないのである。

地球の際立った特徴である大陸と海の存在は、それぞれの地盤を組成する岩石、換言すれば化学組成が異なることに根本的な原因がある。既に何度か指摘したように、大陸地殻は二酸化ケイ素を約60%含む安山岩質の組成を持つのに対して、海洋地殻は二酸化ケイ素の少ない玄武岩質である。もちろん、密度は前者の方が小さく、軽い。マントルに比べて軽い地殻は、いわば水に浮かぶ物体のようなものである。水に浮く物体の大きさが同じであれば、密度が小さい（軽い）ほど水面上に現れる部分が増える。水中にある部分が押しのけた水の重さに比例する浮力が働くからである。理科の時間に習った「アルキメデスの原理」だ。さらに、軽い大陸地殻の方が全体の厚さが大きいために、海水面より上に出る高さ（海抜）は余計に大きくなる。地球では、陸と海は単に高度が違うだけでなく、その組成と形成過程が異なるのである。陸は陸に、そして海は海になるべく誕生したものなのだ。

海洋地殻は既述（68ページ）のようにプレート発散境界（海嶺）で誕生する。一方大陸地殻は、最近の私たちの研究では、海域のプレート収束境界（海洋島弧）で作られるようである。結局のところ、この地球に2種類の異なる地殻が誕生し、明瞭な海と陸が存在する根本的原因は、発散と収束という2つのタイプのプレート境界があること、つまりプレートテクトニクスが作動していることとなのである。誕生後ほどなくして一方的な冷却に転じた原始地球では、先の理論のごとくに硬い蓋プレートが地表を強固に覆っていたに違いない。そんな地球に降り出した雨は当初は平均的には地球表層に一様に分布したであろう。ところがその水が硬い蓋プレートに大断層を発生させ、プレートの落下そしてプレートテクトニクスを駆動し始めると、沈み込み帯のマグマ活動によって高地を成す大陸が出現したのである。こうして、海は地球表面に偏在するようになった。

なぜ地球だけに海が存在するのか?

太陽系惑星の中で液体の水が存在するのは唯一地球だけである。この特殊性故に、地球という星はプレートテクトニクスの作動、そして生命の誕生と進化が許されたのである。一方で太陽系内では、雪線（117ページ、図3-1）の内側つまり地球型惑星の領域であればどこでもH_2Oは液体の水として存在する可能性はある。また、微惑星物質の化石とも言うべき隕石には数%程度のH_2Oが内在し、この水分が地球型惑星の重要な原料の1つであることは確かである。さりとて水星、金星、火星は、少なくとも今ではすっかり乾燥している。

H_2Oが液体（水）、固体（氷）、気体（水蒸気）のいかなる状態で存在するかは、温度・圧力条件で決まる（図3-11）。私たちにとっての通常、つまり大気圧（一気圧）下では、0℃以下では

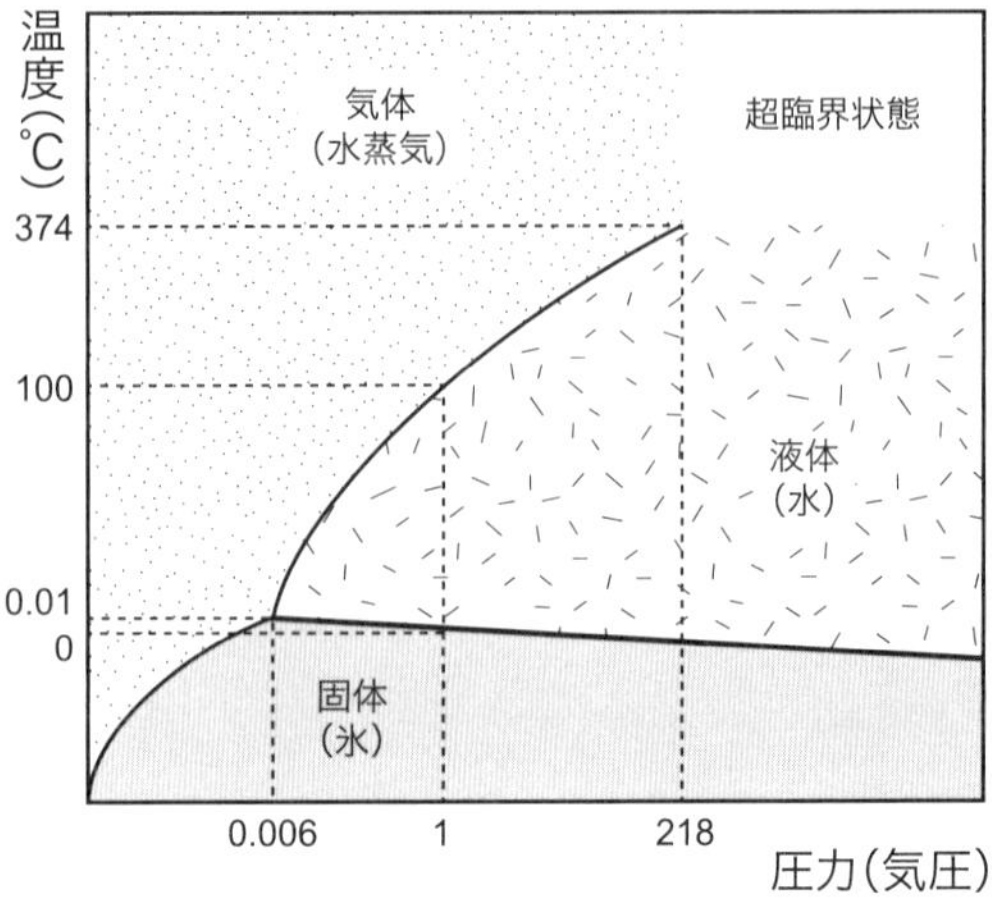

図3-11　水の状態図

氷、100℃以上の温度で水蒸気、その間の温度では水である。しかしながら、水と水蒸気の境界（沸点）は圧力の変化に敏感であり、圧力が増加すると沸点も高くなる。富士山頂では炊飯がままならぬこと、創世期の地球では200℃もの高温の「雨」が降ったであろうこともこのことに原因がある。そして374℃、218気圧を超える場合には、H_2Oはもはや気体とも液体ともつかぬ「超臨界状態」となる。圧倒的な溶解性と拡散性を併せ持つこの流体は、例えばPCBやダイオキシンなど難分解性の有害物質を処理するのに用いられる。

さて、地球型惑星で液体の水が存在するには、その表面の温度と圧力が図3-11に示す適切な範囲に入っている必要がある。惑星表面の温度を決める最大の要因は太陽が放出するエネルギーである。その量は地球では1平方メートル当たり1370ワット（表3-1）。しかしこのエネルギーが全て表面に届く訳ではない。惑星を取り巻く大気やそこに浮かぶ雲、それに表面そのものによって降り注ぐエネルギーの一部は反射されて宇宙空間へ放出されてしまう。この入射に対する反射の割合を「アルベド（反射能）」と称する。惑星は自身が反射した太陽エネルギーの残りを吸収して温められる一方で、赤外線放射によって熱を失っている。この両者が釣り合った温度が「放射平衡温度」である。例えば地球では放射平衡温度はマイナス18℃であるが、これは実際の表面平均温度と大きく異なる。この差を生み出すつまり地球表面温度を上げる役割を果たすのが大気の保温効果である。これらの絶妙なバランスによって、地球表層には液体の水が存在可能な条件（一気圧15℃）が満たされているのである。

	水星	金星	地球	火星
太陽からの距離（AU）	0.387	0.723	1	1.523
太陽エネルギー（w/m^2）	9147	2621	1370	591
アルベド	0.07	0.65	0.3	0.15
放射平衡温度（℃）	167	−21	−18	−56
表面平均温度（℃）	179	454	15	−40
重力（m/s^2）	3.70	8.87	9.78	3.71
大気圧（気圧）	ほぼ0	92	1.000	0.008
大気組成	酸素、窒素、水素	二酸化炭素 95%	窒素 78% 酸素 21% 二酸化炭素 0.04%	二酸化炭素 95%

表3-1　地球型惑星の表面温度を決定する要素

次に、兄弟星たちの表面状態を検討する。観測によれば、水星の表面温度は約180℃、大気は極めて希薄で大気圧はゼロに近い。もちろん液体の水が存在できようはずもない条件である。このような過酷な条件を作り出す最大の要因は、この星が太陽に近く地球の約7倍もの太陽エネルギーが降り注ぐことにある。また、質量に起因する重力が小さく大気を保持することができない。そのために水星大気は極めて希薄で、放射平衡温度と表面平均温度はほぼ一致すると解釈できる。

金星は、濃厚な大気で覆われているためにアルベドが高く、地球の倍程度も降り注ぐ太陽エネルギーを効果的に反射する。したがって放射平衡温度はほぼ地球と同じである。ところが、この星の表面は400℃以上もの高熱状態にある。その原因は、金星の濃密な大気の主成分である二酸化炭素が高い温室効果を発揮することにある。現在は灼熱の乾燥状態にあるこの星にも、かつては多量のH_2Oが存在したらしい。しかし、惑星進化の早い段階で強い太陽紫外線の影響により大気中のH_2Oが水素と酸素に分解され、宇宙空間へ散逸してしまったのである。液体の水がこの星に存在したことがあったとしても、それは極初期に限られるであろう。そのために地球のように大量の二酸化炭素が海水さらには炭酸塩として固定される現象も起こらず、高濃度の二酸化炭素大気が維持されたのである。つまりこの星では、H_2Oの減少のために二酸化炭素が大気の大部分を占めるようになり、強い温室効果で灼熱化した金星表面には、少量残ったH_2Oも液体の水としては存在し得なかったのである。

火星にはかつて、ほぼ確実に液体の水が存在したと思われる。最近では、水中で沈積した組織を示す堆積岩の存在や、液体の水と硫酸カルシウムが反応して生成した石膏も発見されている。つまり、太陽エネルギーが地球の約半分しか到達しない火星でも、大気の温室効果によって液体の水が存在できる条件にあったのである。しかし、火星は図3-1にも示したごとく、その質量は地球の1割程度しかない。結果、重力は小さく(表3-1)、この星を覆いかけていた大気は空間へと散逸したのである。

つまるところ、太陽からの距離と質量という2つの要素が適切であるからこそ、地球には液体の水が存在しているのである。されど、2つの要素が同時に満たされた必然性が解明された訳ではなさそうである。現代の太陽系科学が、水惑星、それは同時に生命存在の可能性のある惑星の探査を太陽系外にまで行うのは、この必然性の探求にあるように思える。

〈この章のまとめ〉

●太陽の周囲に漂っていたダスト（塵）が自らの重力の作用により集積を繰り返し、微惑星が誕生し、それらがさらに衝突・合体することで惑星が誕生した。

●地球全体の組成は、小惑星帯に散らばる微惑星物質が地球へ飛来した隕石を調べることで推定することができる。

●地球内部には、地震波が反射したり屈折したりする「不連続面」と呼ばれる境界が存在する。最も顕著な不連続面は、地殻とマントルの境界であるモホ面と、橄欖岩質の岩石からなるマントルと鉄ニッケル合金からなる核の境界（深さ2900キロメートル）である。その他マントル内にもいくつか不連続面が存在する。

●これらの不連続面の深さと、地球内部を作る物質の構造や物性を比較することで、地球内部の温度を求めることができる。地球の中心は約5500℃、マントルの底でも4000℃近い高温状態にある。

●一方で地球表面はほぼ0℃である。この強烈な温度差が、マントル対流を駆動する。対流によって熱を中から外へと運び、温度を均一にしようとする作用である。マントルは固体の岩石ではあるが、熱伝導よりも対流の方が効果的に熱を運搬することができる。これは、マントルが粘っこい流体の性質を示すことによる。

●地球を特徴づけるプレート運動は、マントル対流の現れの1つである。

●プレート運動が起こるためには地表に流体の水、即ち海が存在することが必須の条件である。海が存在しない他の太陽系内の地球型惑星では、硬いプレートがガッチリと表層を蓋のように覆っている。つまり、プレートは動かない。一方地球では、水の存在がプレート内に断層を作り、そこからプレートは落下し始め、プレートが動き始めることができる。

●太陽系内の惑星の中で、その表面に液体の水が存在する水惑星は地球だけである。これは、太陽からの距離と星の大きさが適切であったために起こったことである。

●液体の水が存在したことが原因で、太陽系惑星の中で地球のみでプレートテクトニクスが作動し始めた。プレート沈み込み帯では二酸化ケイ素に富む軽い安山岩質マグマが作られ、それが固まることで盛り上がった大陸が作られた。一方海は、単に海水が溜まっている場所ではない。大陸に比べて重い玄武岩質マグマが海嶺で作られ、大陸より低地を形成する宿命にあったのである。

●日本列島がこれほどまでに変動を繰り返すのは、宇宙空間に散らばっていた無量無数の微惑星物質とそのエネルギーを吸収して誕生した地球の性《さが》である。このエネルギーがマントル対流とプレート運動を引き起こし、その結果として地殻変動や、地震・火山の活動をもたらすのである。

第四章　日本列島に暮らすということ

今も続く列島の変動は、私たちにとってまさに驚天動地である。しかしそれとても、惑星地球にとっては46億年という悠々たる進化の中で、至極当然の振る舞いをしているに過ぎない。つまり、沈み込み帯にある日本列島の変動は、全く以て不可避なのである。私たち日本人は、これからも日本列島からの恩恵を享受すると同時に、無慈悲なまでの試練を耐え忍ぶ宿命にある。

しかし、いくら必至の現象であるとは言え、いたずらに怯えるのも、逆に刹那主義に走るのもいずれも余りにも虚しい。最終章では、これらの試練がどれほど喫緊のものであるのかを科学的に検証し、それを受け止めた上で、私たちがいかなる心構えでこの日本列島に暮らしていくべきかを、先人の知恵も借りながら考えることにする。

地震は予知できるのか？

3・11東北地方太平洋沖地震の規模、そしてその被害が余りにも衝撃的であったためか、最近では以前にも増して地震予知の可能性に関する議論が盛んである。しかしこの論戦は、専門家同士であっても大概噛み合っていない。いきおいマスコミも問題点を的確に把握することができずに、いたずらに対立を煽るだけである。これでは一般人に冷静な判断を求めるのは無理というものである。そもそも地震予知とはいかなるものであるのか？　議論されている地震予知とは何を指すのか？　これらをはっきりさせねば混乱を招くばかりである。

　地震予知とは、将来的に発生する地震の、場所、日時、そして規模を予め知ることである。その中には、図4－1に示す3種の異なる性格のものが含まれていると思われる。それぞれが対象とする地震発生までの時間及びその情報の信頼性が異なるので、これらを一括りにして「予知」と呼ぶことは避けたほうがよい。そこでここでは、「予報」「予知」「予測」という3種類の語彙を使うことにする。この順で信頼性は低くなる。

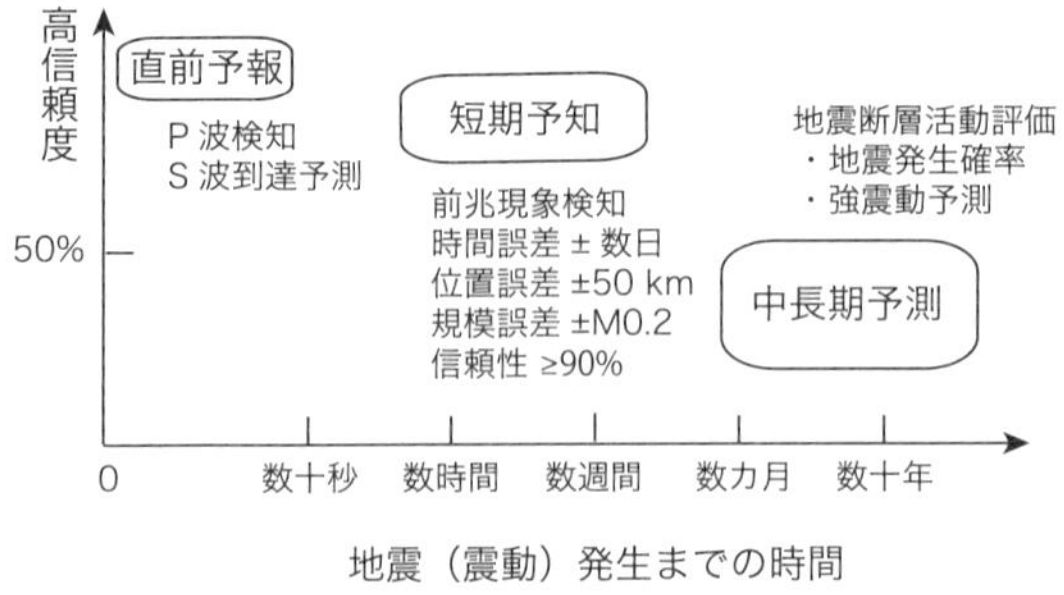

図4－1　地震予知の種類と性格

「予報」の例として、既に実用化されている「緊急地震速報」を挙げることができる。テレビの画面に文字スーパーとチャイム音とともに表示され、携帯電話に情報がメール配信される（3・11前後、多くの人が経験していると思う）。稠密に配置した地震計で観測したP波（primary wave：第一波）の解析を基に、地震の位置と規模を瞬時に測定し、より大きな揺れを起こすS波（secondary wave：第二波）の到達と震動の予告を行う。S波はその名の通りP波より遅れて到達するために、震源から離れた場所では地震の発生からS波の襲来までに「猶予時間」が生じることを利用するのである。心の準備、火元確認、必要最小限の避難に大いに役立つシステムだ。速報の配信が揺れの到達に間に合わぬ場合もあること、落雷などで誤報が発せられる場合があること（誤報と判明した場合は直ちに修正が配信される）、震源を一地点と仮定して解析をするために震動到達時刻・大きさに誤差が生じる場合があるなどの問題点がある。しかし、東海道新幹線に対する地震対策として始まったこのシステムは、相当高い信頼度の予報を発することができるものであり、わが国が世界に誇るべきものである。

海溝型巨大地震では、震動のみならず津波の被害も甚大である。2011年東北地方太平洋沖地震の場合は、津波の規模・到達時刻を地震発生直後に正確に予測することができず惨禍を招いた。その原因は単純である。震源域近くの海域に観測点が少なかったからである。

平成22年度から、紀伊半島沖熊野灘の東南海巨大地震想定震源域で、リアルタイム地震・津波観測監視システム（海洋研究開発機構）の運用が始まった。海溝型巨大地震の揺れ、地殻変動、津波などを発生直後に検知し、警報に利用するシステムである。陸域のみの観測に比べて地震の発生を10秒以上早く、しかも正確に検知することが可能であり、さらに津波についてもこれまでより10分以上早期にしかも正確にその規模や到達時刻を予測することができる。この僅かな時間がいかに多くの人命を救うことになるかは、私たちはよく知っている。同様のシステムが、日本列島周辺の全ての海溝域に一刻も早く展開されるべきである。最近（2012年3月末）、防災科学技術研究所が日本海溝－千島海溝に沿って地震津波観測網を設置すると発表した。ちなみに総工費は300億円程度、「もんじゅ」などの高速増殖炉開発の年間予算とほぼ同規模であるという。2014年の運用開始を目指しており、本格的な運用が切に待たれる。

地震そのものの発生を予め知ろうとする取り組みには、短期予知と中長期予測の2種類がある（図4－1）。短期予知は地震の前兆現象を検知し、それを基にして比較的近い将来、概ね数時間～数カ月先に発生する地震の日時、場所、規模をある程度正確に、かつ比較的高い信頼性で予知するものである。現状では、単に地震予知と言うときはこれを指す場合が多い。短期予知の可能性や将来計画を議論する際には、「ある程度の正確さ」と「比較的高い信頼性」について明瞭に定義する必要がある。さもないと議論が嚙み合わないし、有効な対策の遂行は不可能である。これらに関する統一見解は未だにないように見えるが、一般的な感覚では、発生時刻の誤差は数日以下、場所については誤差50キロメートル（例えば東京駅直下と指定した場合には、おおよそ神奈川・埼玉・千葉県全域）、規模についてはエネルギーが2倍になるマグニチュード0・2の誤差が許容範囲であろう。しかもこの予知は、発せられた後に実行されるべき事柄の規模・影響の大きさを考えれば、9割以上の確実性を持たねば意味をなさないと言うべきである。

残念ではあるが現時点でこのような地震予知は不可能である。さらに今後も極めて困難であると言わざるを得ない。このことはしかと認識すべきである。しかし一方で、前兆現象を科学することは地震発生の原因そのものを探る上でも重要であり、真剣かつ真摯な取り組みをし続けることは必須である。

これまでにいくつか、地震の前兆現象として取り上げられたものがある。例えば、「前駆《ぜんく》滑《すべ》り」とも呼ばれる異常な地殻変動がある。1944年の昭和東南海地震（M8・1）の当日、偶然にも震源域近傍の掛川で実施されていた水準測量が地震発生前に震源断層がゆっくり活動したことを捉えたと言うのである。このデータに基づき駿河湾沿岸に地殻変動観測網が整備され、気象庁をして「常時観測体制が整っていて、地震を予知できる可能性があるのは、駿河湾付近からその沖合いを震源とする、M8クラスのいわゆる『東海地震』だけです」と公言せしめるまでになった。しかしながら当時の測量データの誤差が大きく、直ちに前駆滑りの有無を議論できるものではない。

大地震の前に断層の小規模な破壊が起こり、いわゆる前震が発生する可能性はある。しかしながら日本列島のように小規模な地震が頻発する変動帯で、前震とそれとは独立の小規模な地震を正確に認識することは相当に困難であることは明らかである。多くの場合、大地震発生後に実はその前に前震があったと公表するのである。これではとても予知とは言えまい。

地盤の破壊に伴って、断層周辺を構成する鉱物（石英）が圧力変化によって帯電し、その結果、異常な電流や電磁波が発生する可能性がある。「圧電効果」と呼ばれるこの現象は、身近な所ではガスコンロの着火に用いられている。この圧電効果を用いた地震予知をおこなう方法として、例えば、ギリシャで地震予知に成功したと言われたこともあるVAN法（開発者であるアテネ大学の3人の学者、Varotsos, Alexopoulos, Nomikos の頭文字）やFM放送にも用いられる周波数の電波などの異常を捉えるものがあり、現在でも一部の研究者によって試験されている。しかしながら少なくとも現時点では、電磁的前兆現象で地震を予知できると結論することはできない。

化学的に前兆現象を検出する試みもある。地殻を構成する鉱物には微量ながらウランが含まれる。この元素には、放射崩壊によってラドンを生成する核種が含まれる。ラドンは通常は鉱物内に捕獲されているが、歪みの蓄積によって鉱物にクラック（割れ目）が発生するとそこを通って外部へ放出され、断層に沿って湧出する可能性がある。予知に成功したとする報告もあり、現在でも観測が継続されている地域もあるが、まだ科学的な検証が十分とは言えない。

このような地震前兆現象を科学的に検知し、それらを基に地震予知の実用化を目指した国家プロジェクトが、「地震予知計画」である。1965年にスタートしたこの計画は第7次まで通算33年間にわたり実施され、文部科学省の発表によると総額2000億円近くの予算が投入された。もちろん、それなりの実績・成果があったことは疑いない。しかし一方で、地震予知関連であれば研究費の獲得が容易であることに慣れてしまった研究者、観測業務と研究を錯覚する研究者が多くなってしまったことも事実である。さらには、いくら観測研究を行っても科学的に前兆現象と呼べるものを検出できなかったことへの苛立ちや無力感も蔓延していた。

そんな頃、1995年に兵庫県南部地震が発生し6500名近い死者・行方不明者が出たのである。この大震災に対しては、地震予知計画は全く無力であったと言わざるを得ない。同年施行された地震防災対策特別措置法では、「地震に関する調査研究の推進のための体制の整備等について定める」と、「予知」という単語は消滅した。

1999年からは、前地震予知計画の総括に基づき、前兆現象の探索よりむしろ地震現象の全過程の基礎研究に重点を移した「地震予知のための新たな観測研究計画」が開始された。この計画では、全国の地殻変動・地震観測網の規格を統一して観測の高精度化・リアルタイム化が急速に図られ、世界でも類を見ない高精度・高密度の「基盤観測網」が構築されたのである。さらに、全ての観測結果がインターネットで公開され、研究活動の活性化に寄与することは間違いない。海域も含め整備されつつあるこの観測網によって、地震予知に繋がる画期的な科学的成果がわが国から発信されることを期待してやまない。


さて、話を戻そう。地震予知の3番目の種類、「中長期予測」についてである。これは主として、地震断層（活断層）の過去の活動時期からその周期を推定し、それぞれの地震の規模とあわせて将来の断層活動を予測し、これに基づいて各地の揺れを推定するものである。このような予測の例として、先に述べた「地震予知のための新たな観測研究計画」の成果の1つである、「全国を概観した地震動予測地図」を挙げることができる。地震調査研究推進本部のウェブサイトに、データや解析結果が公表されている（http://www.jishin.go.jp/main/index.html）。

海溝型巨大地震に関しては、過去の地震・津波の記録から、その震源域を特定し、周期を求めることは比較的容易である。古文書の記録の他に、海岸近傍の湖水や陸域の堆積物から過去の津波・地震の発生時期を知ることができる。一方で、陸域で発生した過去の地震に対して地震断層を特定することは困難な場合が多い。そのために、地震予測地図の作成に当たっては、主要な（延長20キロメートル以上の）活断層110について、地下へ溝を掘って地質学的手法によって断層の活動履歴を推定するトレンチ調査を実施した。この調査で判明した過去の地震の発生時期も含めて周期を求めて地震発生確率を求めるのである。

多くの人々は、確率などという数学的な言葉を聞くと、その数字を妄信し、間違った恐怖や安心を持ってしまう傾向がある。このようなことは、地震国日本に暮らす者として、厳に慎むべきである。最近の多くの報道のように数字だけを取り上げるのではなく、地震発生確率の意味するところを正当に理解することこそが重要である。ここでは、将来30年間の発生確率が80％を超えると発表された東海地震を例にとって、その数字の意味を考えることにする。

地震発生確率は、過去の地震周期と最後に地震が起こった時期から算出する。東海地震の場合、比較的最近の、つまり発生年が確実に判明している1498年以降4回の地震について周期を求めると平均119年となる。しかし当然のように周期にはばらつき（誤差）がある。そこで、このばらつきをも考慮して「確率分布」をある関数を用いて求める。確率分布とは、最後の地震から、ある時間経た時に地震が発生する確率を示すものである。したがって、図4－2上図の山型の確率分布領域全体の面積は1（100％）となる。地震発生過程を表現する際に最も適した関数として採用されるのがBPT関数と呼ばれるものである。この関数はもともと、かのアインシュタインが解明した液体中に浮遊する微粒子が行う不規則な運動（ブラウン運動）を記述するものであり、地震を発生させる歪みの蓄積が時間的に一様ではなく擾乱を含むことを巧く表現できるのである。

　ここで、最後の地震から１００年経過した時点から30年間の地震発生確率を求めることにする。この場合、図のａとｂの部分を併せた面積が１、つまりこの間に地震が必ず発生するのであるから、30年間の面積ａをａ＋ｂで除すると、この時点での30年地震発生確率を求めることができる。

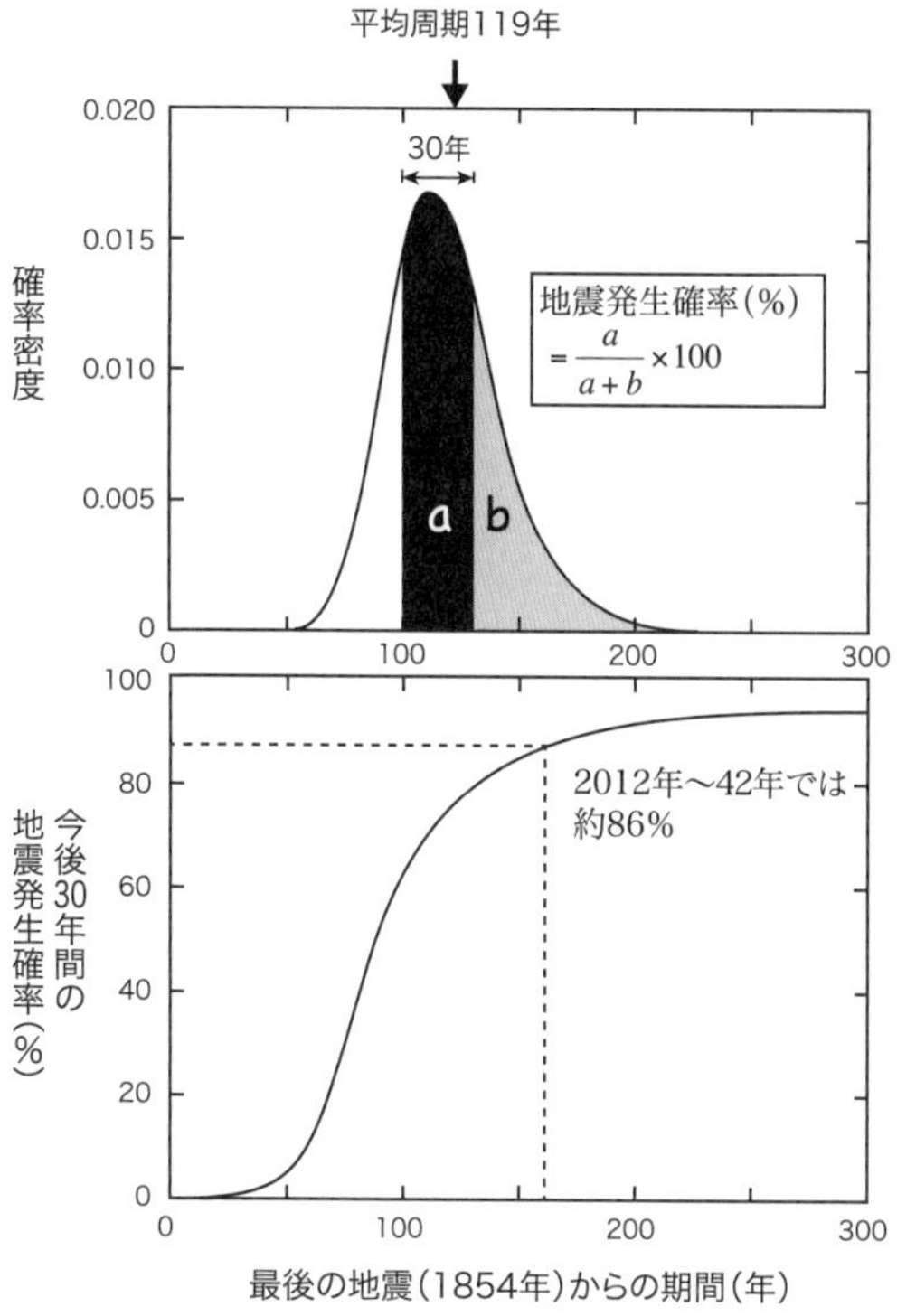

図4-2　東海地震の発生確率

　当然ながら、最後の地震からの経過時間が大きくなるとこの確率は高くなって行く。図に示すように、30年地震発生確率は、最後の地震発生直後からどんどん上がり始め、平均周期を超える辺りでは80%となる。ちなみに、２０１２年から30年、つまり２０４２年までに地震が発生する確率は約86%と高確率である。仮に今後20年間、幸いにも地震が発生しなければこの確率は2％上昇し、30年後には90％を突破する。

このような数字を突きつけられた時に、絶対に慎むべき割り算がある。それは、30年間で86％であるから、一日当たりにすると0・008％。ほとんどゼロじゃないか。まあ、安心か！ というものである。かつてのわが国の某国務大臣もこんな愚を犯した。そもそも割り算すること自体間違いであるが、先にも述べたように、幸いにも地震が起こらなければ地震発生確率はどんどんと高くなることを肝に銘じるべきである。

次に留意すべきは、この86％という値は地震発生周期の選び方によって大きく変化することである。先の例では500年弱の間に起こった4度の地震で周期を求めたが、仮に最古記録である684年からの地震を計算に入れると周期は約195年となり、今後30年の地震発生確率は20％強となる。確率を表す数字にはもちろん意味はあるのだが、最も肝心なことは、南海トラフ沿いの連動型巨大地震は近い将来確実に起こることを認識し、それに対する対策を直ちに講じることである。

先にこのような中長期予測は信頼性がそれほど高くないと述べた。過去の地震記録が比較的豊富な東海地震ですら前述のように周期には大きな誤差が伴う。ましてや内陸部の活断層の活動度評価は甚だ困難である。トレンチ調査で判明するのは過去の地震の一部なのである。断層の運動は不均質であり、場所によっては過去の変位を明瞭に記録していないことがしばしばあることを忘れてはならない。

例えば1995年兵庫県南部地震について、現時点で得られるトレンチ調査のデータを用いて、この地震発生直前から30年間にM7クラスの地震が起こるその発生確率を求めると、0・03〜8%となる。しかし実際には、直後にあの大地震が発生した。確率とは所詮こんなものである。安心するための数値ではなく、備えをするためのものである。この程度の地震発生確率を示す活断層は、日本中至る所に存在する。この事実は、よしんば30年間地震発生確率が10%以下であったとしても断じて安心するべきではないことを如実に示すものである。ましてやこの数字を、90%以上の確率で地震は起こらないなどと解釈するのは、単なる数字のお遊びであり、愚の骨頂である。さらに、全ての活断層に対してこのような調査・検討が行われている訳ではなく、近傍の別の断層が活動した場合にも直下型地震が発生することも心に刻むべきである。

選定した110の主要活断層起源の内陸型地震や、海溝型地震について規模・発生確率が求まると、地盤の特性を仮定することで地震動予測を行うことが可能となる。このような予測は、もちろん震度、確率とも下限値であることは認識すべきである。図4-3には、2009年7月から2039年6月までの30年間に震度5弱以上の揺れに見舞われる確率を示してある。先の東北地方太平洋沖地震の震度分布と見比べると、いかにこの種の予測が困難なものであるか一目瞭然である。日本列島に地震の起こらぬ場所などないのである。この図で高い確率を示す地域では、他地域に増して地震動に注意が必要と銘肝すべきである。

地震予知の困難さ、それに地震発生確率の数字に一喜一憂することの空しさは伝わったであろうか？　もちろん今後も、理にかなった目標を設定した上での短期地震予知は重要な研究対象で

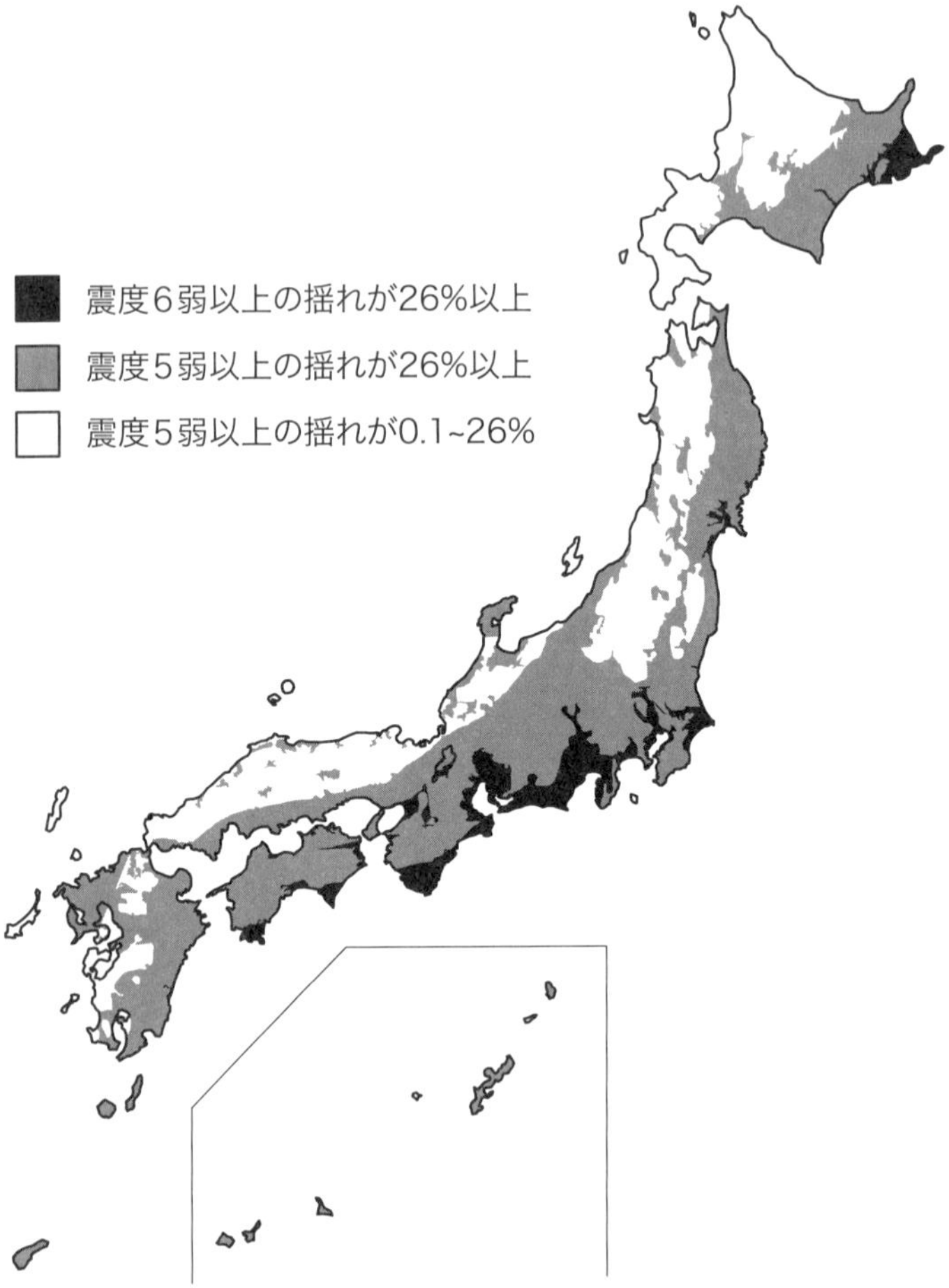

図4-3　2009年から30年間の地震動発生確率

ある。一方で仮にではあるが、地震予知が実現したとする。しかしその場合でも地震そのものは不可避であり、その必然の結果として被害が出る。つまり、無論地震予知の探求は重要ではあるが、変動帯日本に暮らす者にとって一番大切なことは、いかに被害を最小限に食い止めるかということである。

斑鳩法隆寺の五重塔。1300年もの間この里に悠然と佇立する、世界最古の木造建築である。さりとてこの地が、日本列島の中で例外的に地震が少ない訳ではない。近隣には活断層が走り、これまでにも幾度となく地震を経験してきた。工学的な減災の取り組みを思考する上で注目を集めている事実である。逆に、この日本列島においてまるでその変動や自然を支配するかの如き「防災対策」は、単に滑稽であるばかりではなく、冗費かつ罪悪以外の何ものでもない。先の3・11大震災でも、『ギネスブック』にまで登録された釜石港湾口の巨大な「防波堤」を始め多くの人工物は、自然の力の前にはなんら意味をなさなかった。地震発生帯である日本列島周辺の海溝やトラフを目前にした海岸や活断層近傍に偉容を誇るかのように建ち並ぶ原発。フクシマの悲劇を人工物で防ぐのは到底無理であることは自明の理である。日本列島の特質を強烈に理解した上での効果的な減災策こそが喫緊の課題である。日本列島には地震や津波に対する「安全神話」など存在しないのである。

東北地方太平洋沖地震と、地震も津波も規模がほぼ同じであったと言われる平安時代869年の、陸奥国で起きた貞観地震。しかしその犠牲者は1000人程度と言われている。当時の日本の人口は約1000万人、現在の1割にも満たない数である。極端な例を出せば、6500万年

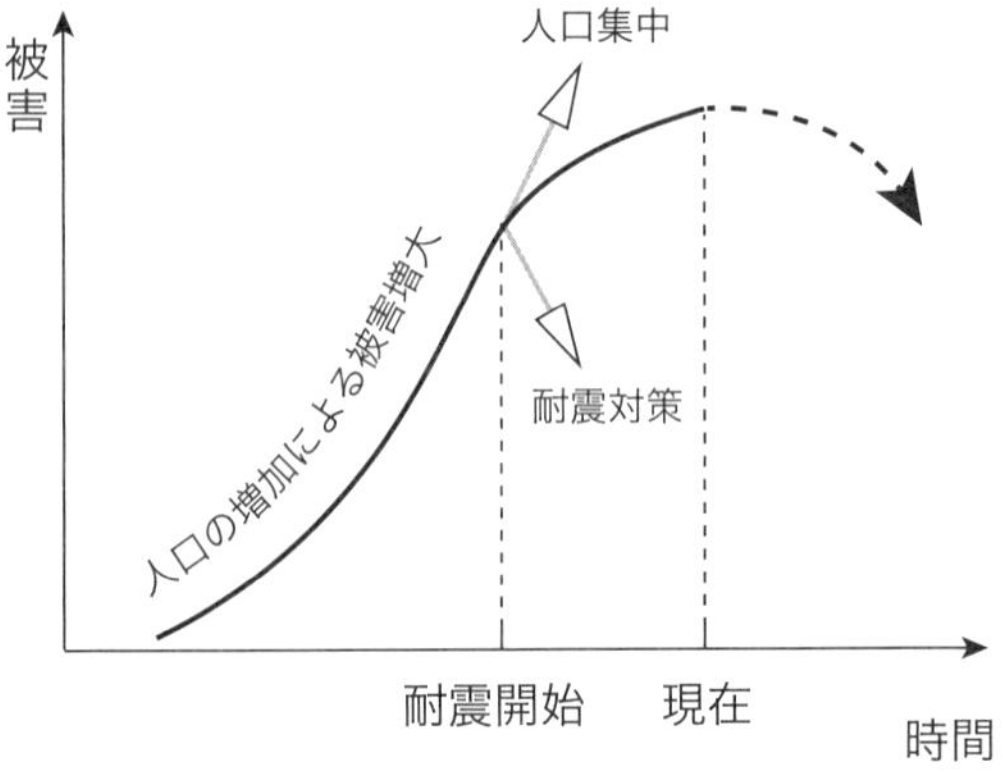

図4－4　震災被害の時間変化

前に恐竜を絶滅に追いやった隕石衝突や、2000万年前に日本列島がアジア大陸から急速に分裂し始めた時には、想像を絶する地震と津波が発生したはずである。しかし、「人的被害」はゼロであった。つまり、人口の増加そして集中が地震被害を大きくすることは明白である。一方で、近年特に進展著しい耐震・免震などのインフラ整備は被害を軽減する。しかし、この効果が人口集中の影響を打ち消すことができないために、現実には地震による被害は減少に転じないのである（図4－4）。

もはや明瞭である。私たちを必ずや襲う地震・津波に対する最大の対策は、人間、社会機能の集中を避けることしかない。わが国で首都機能移転が議論され始めたのは50年以上も前のことである。されど様々な思惑のみが先行し、今やこの構想はほとんど消滅してしまった。その間にも膨張は続き、世界最大の経済圏を成す首都圏には3000万人以上の人々が生活し、東証一部上場企業の本社の6割が集中する。もちろん政治の中枢機能も首都圏にある。この傾向はさらに加速しているように見える。そして、日本人がこんなにも暢気に振る舞っているうちに、内陸型（直下型）地震と海溝型地震が首都圏を襲う日が刻々と迫っているのである。為政者たちそして行政が最初に考えるべきことが「国民の安全を守る」ことであるならば、変動帯日本で何をすべきか、議論の余地はない。何度も言うが、人口と機能の一極集中を回避することである。「膨大な経費をかけて新都市を建設するよりも、首都東京の歴史的文化的蓄積を活用すべき」という石原都知事の主張には、科学者として唖然とせざるを得ない。

日本列島が変動帯に位置し、首都圏で巨大地震が発生するのが自然の摂理である。日々蓄積しているのは地盤の「歪み」なのである。また内閣府のホームページには、「国民がゆとりと豊かさを実感し、安心して暮らすことのできる社会の実現を目指し、地方分権改革を総合的かつ計画的に推進するため、平成18年12月15日に地方分権改革推進法が成立しました」とある。実現することが目的ではなく、実現を目指すことが目的なのかと問い質したくなるのは私だけであろうか？

火山の噴火は予知できるのか？

地震と並んで変動帯日本列島を象徴する火山。第一章で触れたように火山活動による被害も甚大である。火山活動の多くは、地下のマグマ溜への新たなマグマの注入が誘発する。そして、この現象が火山体周辺や地下に異常現象を引き起こす。換言すると、火山活動とマグマの活動の間に明瞭な因果関係がある場合が多く、したがって地震に比べると前兆現象の検知も比較的正確に行うことができる。図4－1の分類に従うと、直前予報、短期予知ともある程度可能である。

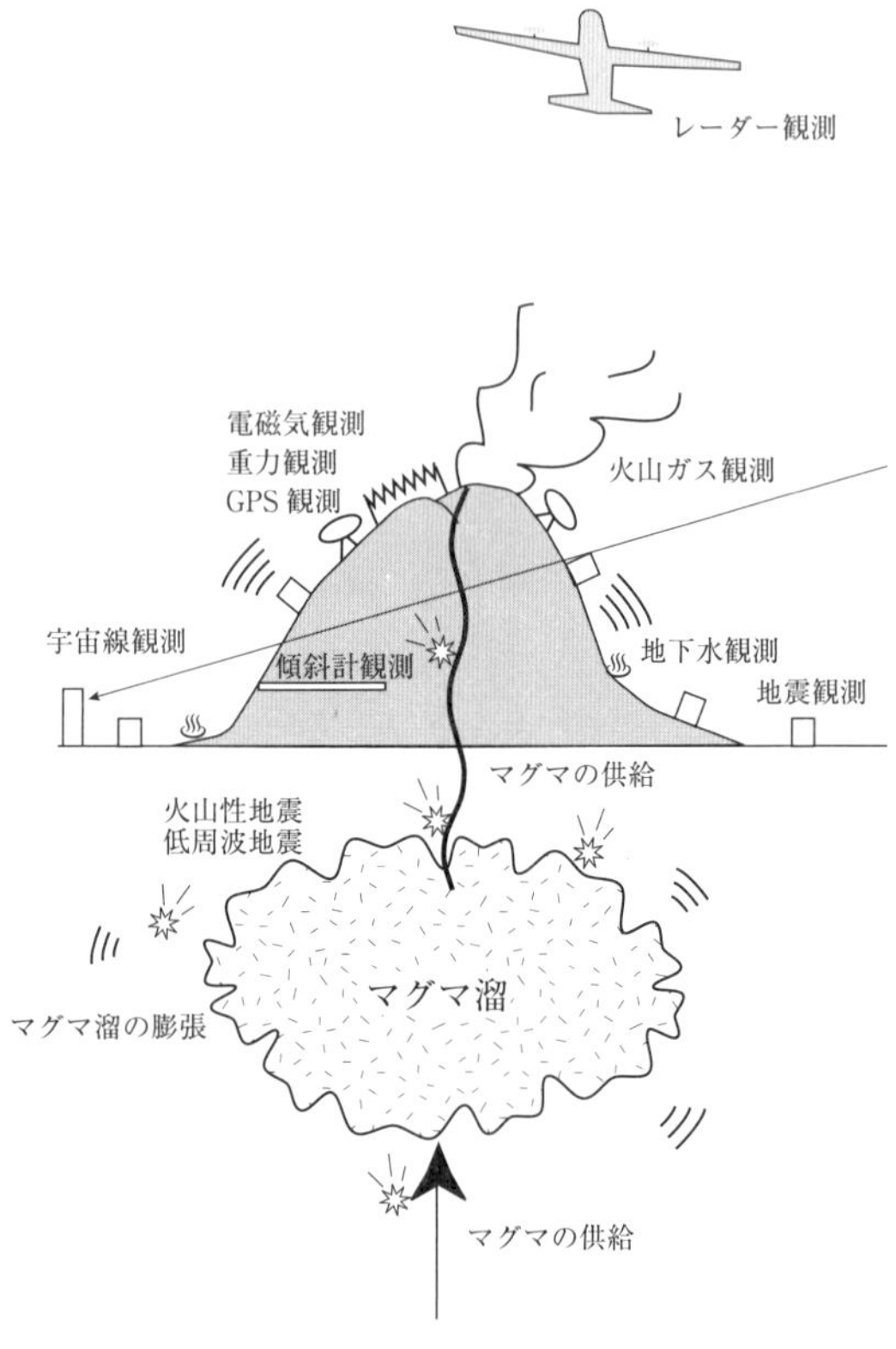

図4-5　火山噴火の観測

先にも述べたように、マグマが移動する時には発泡現象が伴い、地盤の破壊が進行することが多い。このような現象は、低周波地震や火山性地震といった特異な地震活動を誘発する（図4-5）。そのため、火山体や周辺に展開した地震観測網のデータを解析するとマグマの動きをある程度監視することができるはずである。また、マグマ溜や火道にマグマが入ると、火山体が膨張したり重力異常が起こることがある。このような変動は、傾斜計、GPS、レーダー、重力計などを用いた観測で検知することが可能である。一方で高温のマグマが上昇すると、電磁気、火山ガス、地下水（温泉水）などにも異常が見られることもある。さらに最近では、宇宙線起源の「ミューオン」と呼ばれる放射線を観測して、あたかも火山の中を透視するような手法も開発されている。近い将来、マグマの動きを可視化することも夢ではなくなってきた。

第一章で述べた、Aランクの火山（噴火の可能性が極めて高く、噴火災害に対して緊急に備えるべき火山：40ページ、図1－9）を含む47火山では、気象庁や大学などによって常時観測体制が取られ、24時間の監視が行われている。これらの観測データに基づいて、気象庁では29の活動的な火山について「噴火警戒レベル」を発表している。これには5段階の設定があり、即時避難を意味するレベル5から、避難準備（レベル4）、入山規制（レベル3）、火口周辺規制（レベル2）、そして平常（レベル1）となっている。

火山噴火の短期予知はある程度可能ではある。さりとて噴火を防止することは原理的に不可能であり、一度噴火が起こると被害が出る可能性が高い。やはり最大の課題は、いかに被害を軽減するかである。また火山周辺の土地利用を考える場合も、噴火による影響を考慮することが肝心である。このような観点から、将来起こり得る火山災害の様相やその規模、そしてその影響の及ぶ範囲などを予測する試みが行われている。いわゆる「ハザードマップ（災害予測マップ、防災マップ、などと呼ばれることもある）」である。火山は数千年ないし1万年程度の間では、同じような性質の活動を繰り返す可能性が高い。したがって過去の火山活動の様相を詳しく解析することで、ある程度将来の活動についても情報を得ることができるのである。

2000年3月31日、北海道有珠山西山でマグマ水蒸気爆発が始まり、噴煙は高さ3500メートルにも及んだ。さらにいくつかの火口が洞爺湖温泉の近くに発生し、地殻変動による道路の損壊や降灰・噴石に加えて高温の泥流が周辺の街を襲った。この噴火は8月まで続いたが、幸いにも1人の犠牲者も出すことはなかった。その理由の1つは、3月27日からの火山性地震や地殻変動などの噴火前兆現象の検知に基づき、29日には気象庁が緊急火山情報を発表したことである。さらに、これをうけて周辺の市町では1万人以上の住民を噴火開始までに避難させていたのである。このような迅速な行動を可能にしたのが、噴火5年前の防災マップの作成、そしてそれに基づく避難手順の行政・住民への周知である。そしてそこに暮らす人々は恩恵も試練も与える有珠山と共に生きねばならぬことをよく承知していたのである。

火山噴火に関するハザードマップは、今では30以上の火山について公表されている（例えば、http://dil.bosai.go.jp/documents/v-hazard/）。近隣住民のみならず、観光にも有意義な内容であるので、ぜひアクセスいただきたい。

ただここで注意を払うべきことがある。それは、これらのハザードマップでは「山体崩壊」の影響はほとんど考慮されていないことである。先にも述べたように山体崩壊は大災害を引き起こす可能性が高い。しかも日本列島の火山の多くは山体崩壊を過去に何度か起こしてきた。例えば世界で最も均整のとれた容姿を見せる富士山ですら、過去に幾度か山体崩壊が起こったことが地質調査によって確認されている。最近では約２９００年前に、恐らく地震が引き金となって山体崩壊が起こり岩屑なだれとなって御殿場を襲った。もちろん将来更に大きな規模の山体崩壊が起こることは十分考えられる。ハザードマップでは、考えうる最大の火山活動を取り扱うべきである。更に言うと、ハザードマップは「脅し」ではないのであるから、その中に火山が与えてくれる数々の恩恵も併せて記述することも大切である。

他にも承知せねばならぬことがある。このような火山噴火ハザードマップの内容は、周辺住民はもちろんのこと、被害が予想されている地域の住民全てが了解するべきなのである。例えば、富士山が300年ほど前の宝永クラスの噴火をしたとしよう。この程度の噴火は富士山にとっては決して珍しいことではない。しかしその場合に、横浜市では10センチメートル、都心でも数センチメートルの降灰があることを、どれくらいの人が知っているのだろうか？　都心の道路はそのほとんどが通行不能になり、さらに降雨時であれば水分を含んで重量を増した火山灰によって送電線は断線し、ほぼ関東全域で電力は失われるのである。

焦眉の急、日本列島を襲う巨大噴火

火山国日本には、桜島火山のように絶えず噴煙を上げている火山もある。ここではこのような日常的な活動は除斥し、一連の火山活動で1万トン以上の噴出物（溶岩、噴石、火山灰、火砕流など）を放出するものを「噴火」と呼ぶことにする。群馬大学の早川由紀夫氏のデータベースを参考にすると、日本列島では過去2000年間に400回以上の噴火が起きている。これより古い時代については記録や伝承に基づいて溶岩流の活動時期を認定することは困難であるが、火山灰は地層中によく記録されているために、他の情報と組み合せることで年代を求めることが可能で

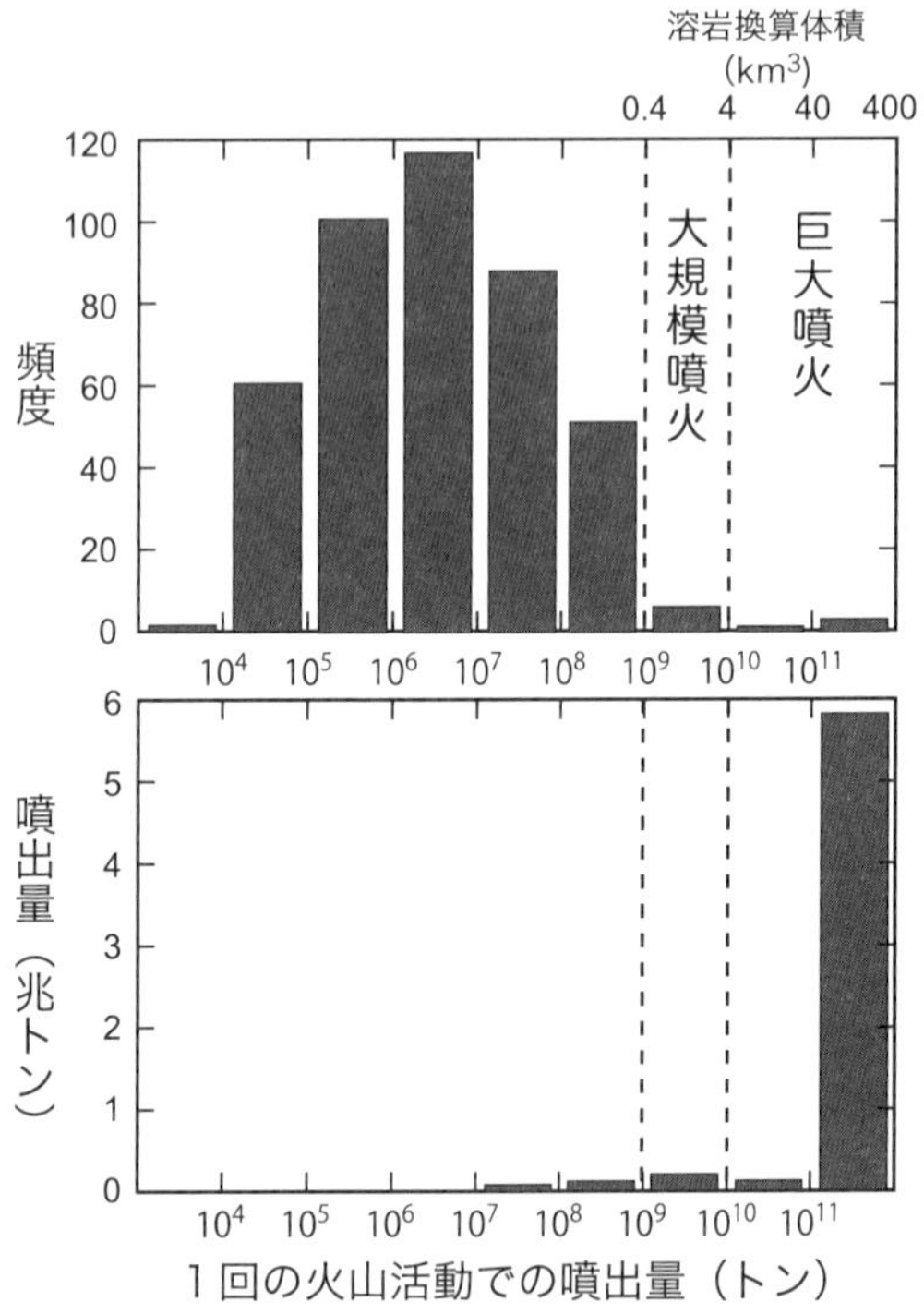

図4－6　日本列島の過去10万年間の火山噴火

ある。これらの火山灰のデータを加えると、過去10万年間の日本列島における火山活動史を概観することができる（図4－6）。1回の噴火による噴出量を眺めると、ほとんどの場合は10億トン未満、溶岩にすると0・4立方キロメートル未満である。一方で頻度は通常の噴火に比べて著しく低くなる（約1・5％）が、例えば桜島大正噴火や富士山宝永噴火など、10～100億トンもの溶岩・火山灰を噴出する「大規模噴火」も起こっている。さらに注目すべきは、頻度は1％以下であるにもかかわらず、日本列島における過去10万年間の火山噴出物の95％以上を占める「巨大噴火」の存在である。巨大噴火ではたった1度の噴火で、なんと100億トン以上ものマグマを噴出するのである。溶岩に換算すると東京ドーム約5200杯、火山灰だと1万3

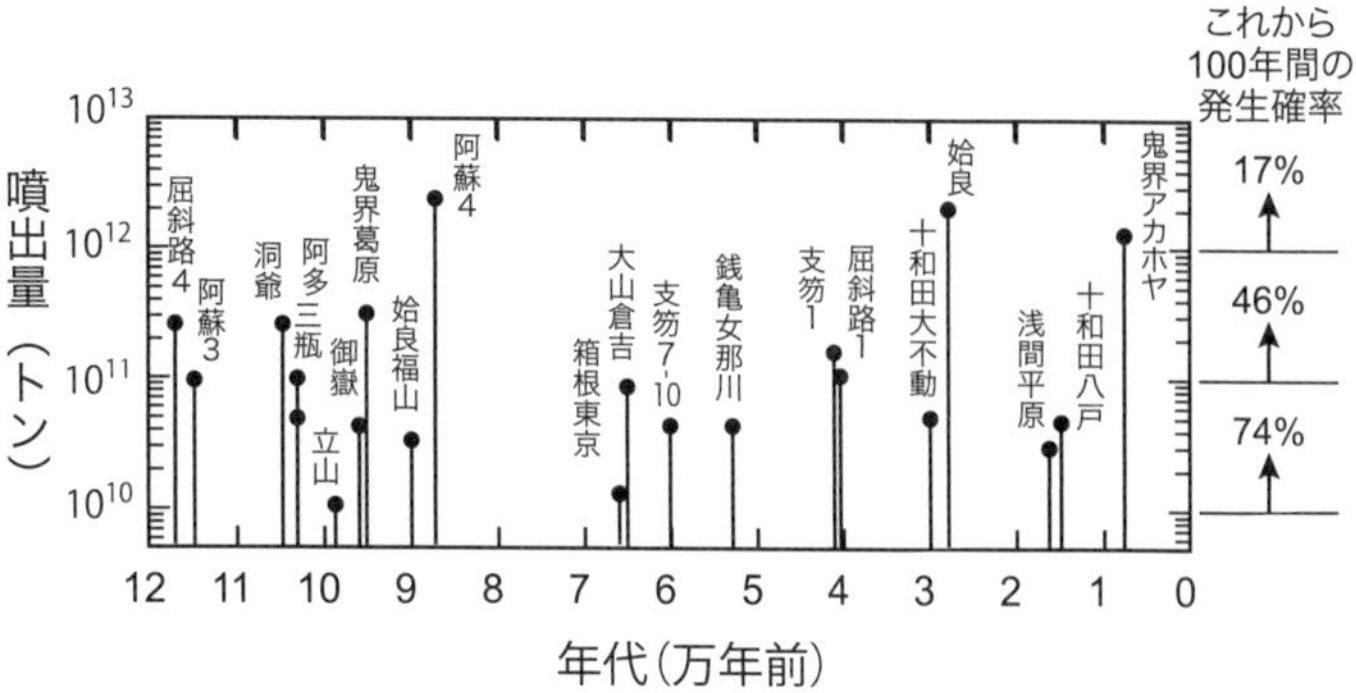

図4-7　日本列島で起きた巨大噴火

000杯にも及ぶ容量である。

地質学的な情報が揃っている過去12万年について調べると、日本列島では21回の巨大噴火が起こっている（図4－7）。このような巨大噴火では、地下に蓄えられていた多量のマグマが一気に放出されるために、地下に巨大な空洞ができることになる。仮に立方体のマグマ溜を想定すれば、一辺が数キロメートル以上の空洞が地下に形成されることになる。この空洞は崩壊し、地表が陥没して「カルデラ」と呼ばれる火山地形となる。確かに日本列島には多数のカルデラが存在し、秀麗なカルデラ湖や中央火口丘などは景勝地となっている。換言すれば、日本列島ではカルデラを形成するような巨大噴火が幾度となく起こってきたのである。

巨大噴火では、火山から離れた地域にも大量の降灰をもたらす。火山噴出物の総量は、降灰面積とその厚さの積に比例する。この関係を用い、加えてある火山灰について観測されている偏西風の影響（降灰域の長径：短径＝7：6）を考慮することで、日本列島で発生した巨大噴火それぞれ

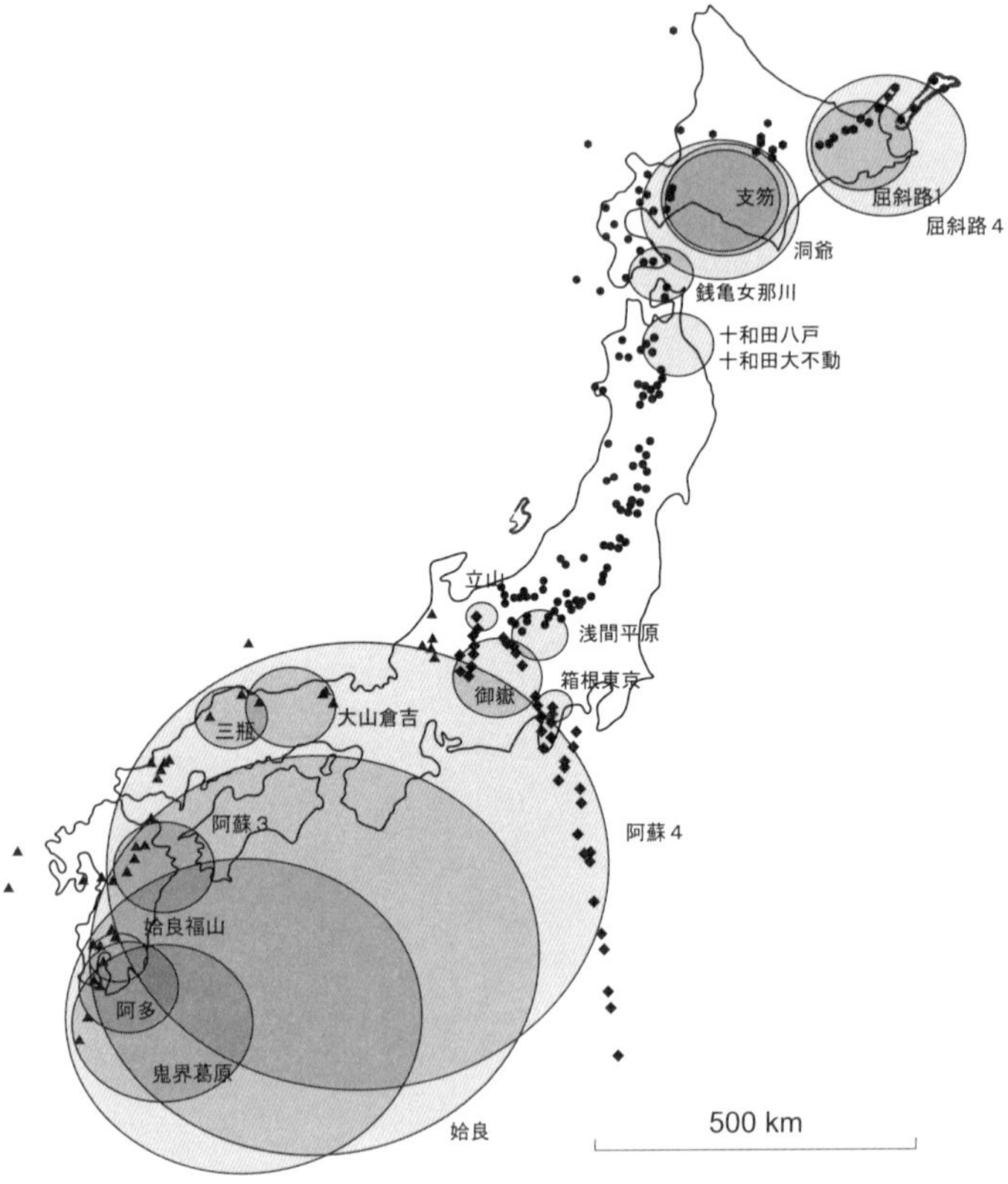

図4-8　巨大噴火による50cm以上の降灰域

に対して厚さ50センチメートル以上の降灰域を描くことができる（図4－8）。この図をもって、過去の巨大噴火の凄まじさを感じ取っていただきたい。この降灰域では、農作物は全滅し数十年間もの長きにわたってその生産力は回復しない。また、木造家屋は倒壊、交通・都市機能は完全麻痺に陥るのである。

降灰以上に戦慄的な現象が火砕流である。火砕流と言えば、1991年6月3日、43名もの犠牲者を出した雲仙普賢岳が記憶に新しい。この火砕流は成長しつつある溶岩ドームが崩壊して発生したものである。この時の一連の活動で形成された火砕流・溶岩ドームの総量は約5億トンと見積もられている。つまり、先の分類にしたがえば「通常噴火」の部類である。一方、巨大噴火に伴う火砕流は遥かに強大であり、かつ破局的である。46ページ、図1－10に示したような噴煙柱は、余りにも巨大になるとそれ自体が崩壊して、火山灰、軽石、火山ガス、空気からなる混合物が、時には時速100キロメートル以上もの速度で山体から四方八方へと火砕流をなして広がるのである。この火砕流は内部に気体を多量に含むために流動性に富み、高さ1000メートル程度の山は容易に乗り越えて走る。もちろん人工物はなんの障害にもならない。しかもこの火砕流の温度は数百℃を超えるのである。

火砕流災害として有名なものに西暦79年のイタリア、ヴェスヴィオ火山の噴火がある。この時の噴火は、約30億トンの軽石・火山灰、それに火砕流を噴出した大規模噴火であり、高温の火砕流の襲来によって、古代都市として繁栄していたポンペイでは、一瞬にして2000人以上の人々が命を落としたと言われている。火山灰の中で朽ち果てた遺体が作る空洞に石膏を流し込んで再現された「彫像」は、もがき苦しむ人々の表情までも再現しているようで、見る者を震撼させる。

しかし日本列島では、これより遥かに強大な火砕流が巨大噴火に伴って幾度となく発生してきた（図4-7）。「シラス」という語彙はご存知だろう。九州南部に広く台地を形成するように分布する白色の火砕流堆積物である。鹿児島県内には概ね10メートル程度の厚みを持って分布しているが、場所によっては100メートルを超える所もある。農業生産性が低く、また脆弱な急崖を成す場所では土砂崩れが多発するために、シラス対策はこの地域の重要課題でありつづけている。一方でシリコンを多量に含む火山ガラスを主体とするシラスの特性を利用した工業的活用も進みつつあると聞く。このシラスは、今から2万8000年前に起きた噴火の産物である。この噴火による火砕流などの噴出物の総量は2兆トンと推定されている。火砕流のみならず大量の火山灰も飛散し、関東地方でも10センチメートル程度の降灰があったことが確認されている。このような1兆トンを超える噴出物を伴う噴火をここでは「超巨大噴火」と呼ぶことにする。シラス台地を形成したこの超巨大噴火によって、直径約20キロメートルにも及ぶ「姶良《あいら》カルデラ」の大部分が作られたのである。

カルデラと言えば多くの人たちが思い浮かべるのが阿蘇山であろう。大観峰からの眺めは壮大である。また熊本空港での離着陸時に見えることもあるカルデラの全景は、感動的ですらある。南北25キロメートル、東西18キロメートルにも及ぶこの巨大な凹地は、主に今から8万7000年前に起きた「阿蘇4超巨大噴火」によって形作られた。この巨大噴火は過去12万年の間に日本列島で起きた最大の噴火である。この時発生した火砕流は、数時間のうちにほぼ九州全域と山口県南西部を覆い尽くした。谷を厚く埋めた高温の火砕流は自重で融け固まり、まるで溶岩の如き「溶結凝灰岩」を成している。高千穂峡や下城《しもんじょう》の滝などはこの阿蘇4溶結凝灰岩の作る景勝である。

今から7300年前、薩摩半島の南方約50キロメートル、薩摩硫黄島と竹島の辺りで「鬼界アカホヤ超巨大噴火」が起きた。数十センチメートルもの降灰が九州の広い範囲に及び、また同時に発生した火砕流は海上を走り九州南部まで到達した。かつては東高西低と言われていた縄文文化は、実は南九州で最も早咲きであったことが、1986年に錦江湾北東部で発見された上野原遺跡で確認されたと聞く。この独特の九州縄文土器を含む地層は、厚さ50センチメートルほどのオレンジ色の火山灰に覆われていた。そしてその火山灰層の直上から発見された土器は、それ以前のものとは全く異なり、本州から伝来した別系統のものであった。この火山灰層こそ、鬼界カルデラからの噴出物「アカホヤ」である。50センチメートルの降灰が、1つの文明を消滅させたのである。

ここで今一度、図4‐8をご覧いただこう。この図に示す範囲は、過去の巨大噴火によって50センチメートルの降灰が起こった可能性のある地域である。身の毛がよだつ思いである。アカホヤとは、「赤く役立たず」という意味だと言う。しかしアカホヤ火山灰は、縄文人にとっては役立たずなどという生易しい代物ではなく、まさに死神であった。

図4‐7を見ると、過去12万年の巨大噴火は九州と東北北部〜北海道に集中しているように見

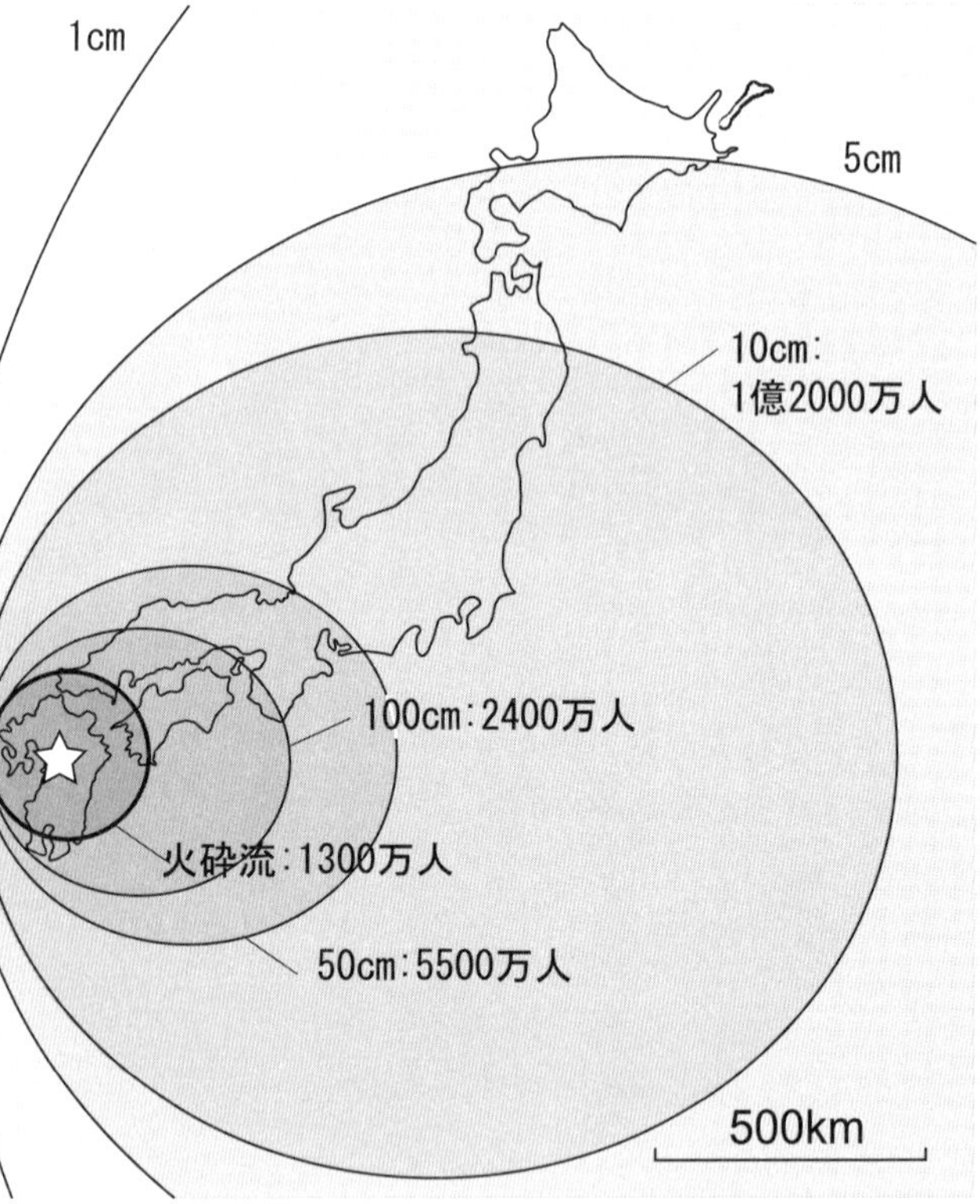

図4-9　超巨大噴火の影響

える。巨大噴火がどのような条件で発生するものかは、まだ解明された訳ではないが、これらの地域では地殻の中部から下部に堆積岩などの比較的融点の低い物質が存在すること、地殻が圧縮ではなく引き伸ばされる状態にあるために巨大なマグマ溜が形成されやすいことなども要因になっていると想像する。一方で、東北地方南部から関東地方北部の火山では、過去12万年は巨大噴火が発生していない。

しかし、火山活動の特性や地殻の性質を検討すると、この地域で巨大噴火が起こらないと考える理由は見当たらない。実際、今から100万年ほど前には、那須岳と猪苗代湖の中間付近の羽鳥湖周辺でカルデラの形成を伴う巨大噴火が起こり、大規模な火砕流が発生した。現在でも石材として広く利用されている「白河石」である。その総量は2500億トンに及び、多くが浸食により失われたとはいえ、未だに福島県中南部を広く覆っている。

仮に今、超巨大噴火が九州中部で発生したとする（図4-9）。この地域は、これまでに最も頻繁にこのタイプの噴火を繰り返してきた場所である。このクラスの噴火では、一両日の内に日本列島全域に降灰が及び、北海道を除く地域では10センチメートル以上の火山灰が降り積もる。この範囲に暮らす1億人以上の人々は、一瞬にして日常生活を失うことになるであろう。浄水場の沈殿池の能力は限界に達し給水は不可能となる。先の富士山宝永噴火でも触れたが、降雨が重なると水を含んだ火山灰の重さは約2倍にもなり、送電線の断線による電力喪失や家屋の倒壊も起きる。交通機能は全て麻痺。農作物はほぼ全滅し、森林も壊滅的打撃を食らう。これから先は考えるだけでもおぞましい。図4-9に示した、数時間で1メートル以上の降灰がある地域に暮らす2400万人もの人々のうち、一体どれくらいが無事でいられるだろうか？　そしてさらに悲惨なことに、火砕流で全て焼き尽される領域には1000万人以上の人口がある。日本喪失以外のなにものでもない。

九州縄文人などの一部の古代人を除けば、人類はこのような超巨大噴火を、日本列島のみならず地球上のいかなる場所でも経験したことがない。過去に起こったことは認識できても、まさか近い将来、もしくは自らが生きているうちにこのような大事件が起こるとは考えぬものである。したがってその被害を想像することなどほとんどない。しかし、自然はこのような人間の勝手とは無関係にひたすら地球進化の営みを続ける。巨大噴火は日本列島で必ず起こるのである。

図4－7に示す日本列島の巨大噴火について、その周期を求めるとおおよそ5500年となる。もちろんこの値には幅（誤差）がある。しかし一方で、今から7300年前の、九州南方沖での鬼界アカホヤ噴火以来、巨大噴火が発生していない事実は承知すべきである。敢えて単純に巨大噴火が時間空間的にランダムに発生するとして、日本列島で今後100年以内に巨大噴火が発生する確率を求めると、驚くなかれ70％を超えるのである。さらにもう一桁巨大なもの（周期1万2000年）では50％弱、そして阿蘇4クラスの超巨大噴火（周期4万年）でも20％近い高確率である。先に地震予測に関しても述べたように、このような確率の値そのものは不確定要素が多い。しかし何度も繰り返すように、日本列島ではいつこのような巨大噴火が起こっても不思議ではない、いや当然起こると考えるべきである。

とは言え、やはり発生周期が長く低頻度の巨大噴火は、その危険性を認識しにくいかもしれない。「必要であることは十分に承知しておりますが、そんな発生頻度の低い自然災害に備えることとは現実的には困難ですね」というお役人の声が聞こえてきそうである。そこで、M7以上の首都圏直下型地震と巨大噴火の危険度を比較してみることにする。前者に対して内閣府の資料を参考にすると周期が約50年、想定死者数は1万人である。すなわち、想定死者数を周期で除した危

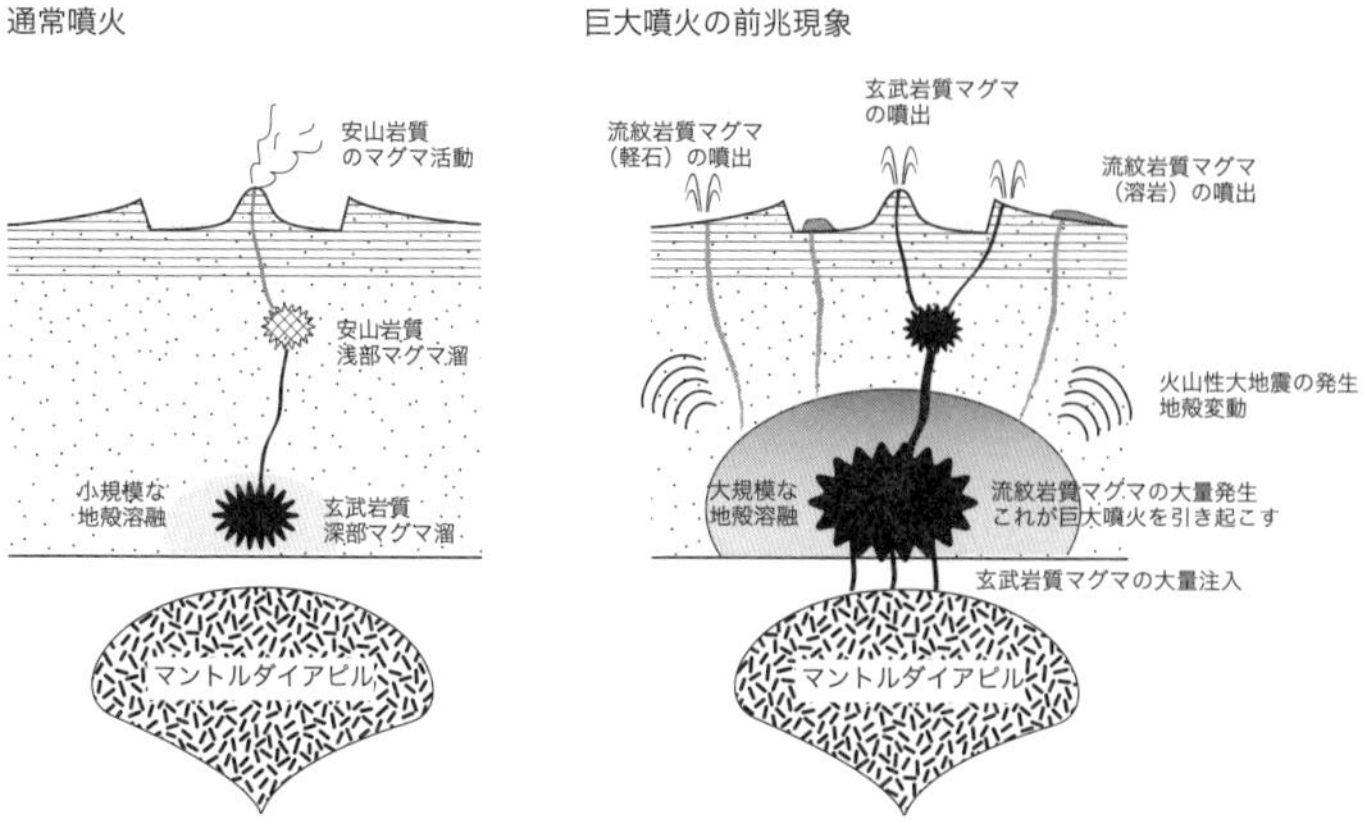

図4-10　通常噴火と巨大噴火のメカニズムの違いと、巨大噴火で予想される前兆現象。

険度（1年当たりに換算した死者数）は２００となる。一方で、超巨大噴火の場合は周期が４万年、想定死者数は中九州で噴火が起きた場合で約１６００万人とすれば、危険度は４００である。首都圏直下型地震の倍もの数字である。もちろん、巨大噴火がこの危険度だけで表すことができない壊滅的状況をもたらすことは先に述べた通りだ。巨大噴火に対する対策を講じることがいかに緊急かつ枢要な課題であるかは明瞭である。稀にしか起こらない破局的な事態には対処しない、などということは許されない。

然らば、このような破局的な巨大噴火を予測することは可能であろうか？　何しろ人類が経験したこともない自然現象である。予測などできる訳がないと述べるべきであろう。一方で、過去の巨大噴火、例えば姶良カルデラ噴火や鬼界アカホヤ噴火などを地質学的に解析すると、ある程度の前兆現象を想定することはできる（図4-10）。

前述のように日本列島の多くの火山では、地殻の深部に玄武岩質の、浅部に安山岩質のマグマ溜が存在していると考えてよい。日常的な火山活動は、浅部マグマ溜から火山へとマグマが供給されている。そして、通常の火山噴火では、深いマグマ溜から供給されたマグマが安山岩質マグマを押し出したり、時には玄武岩質マグマそのものが噴出するのである。深部マグマ溜の温度は1000℃を超えるので、周囲の地殻物質も一部分は溶融状態にあり、流紋岩質のマグマが存在すると考えられる。しかし通常このマグマが地表に達することはない。玄武岩質マグマと混じり合って安山岩質マグマとなっていると思われる。

このような状況を一変させるのが、活火山直下のマントルに位置する巨大な高温溶融体、マントルダイアピルからの多量の玄武岩質マグマの供給であると想像する。この現象を引き起こす要因は今後の研究の成果を待たねばならないが、ダイアピルが徐々に冷却することで、その中に存在する玄武岩質マグマが絞り出されることも重要な引き金となるであろう。新たなマグマの注入により活性化した深部マグマ溜は、日常的には安山岩質のマグマが主体であった火山活動を玄武岩質の活動に変化させる可能性が高い。

実際、鬼界アカホヤ超巨大噴火の前には、このような通常とは異なる前兆的な噴火現象が見られる。さらに、高温化した深部マグマ溜の周囲では、地殻物質の融解が進み、大量の流紋岩質マグマが生産される。これが著しく発泡すると、巨大噴火を引き起こすのである。しかし初期段階ではまだ発泡は進んでいないために、小規模な溶岩流や軽石の噴出に留まるようである。この時期には、マグマ溜の膨張や、新たな流紋岩質マグマの発生に伴い、地殻変動や強い火山性地震の発生が想定される。巨大噴火に伴う火砕流堆積物の下部に、このような異変を示す地質構造が認められる場合がある。地殻変動などによる地殻内の応力変化、流紋岩質マグマの小規模な放出は、更なる発泡現象の引き金となることは容易に想像できる。然るに巨大な流紋岩質マグマ体の中で急激な発泡が始まり、巨大噴火へと繋がるのである。

先に、通常の火山噴火に対する短期的な予知は、現在でも比較的成功していると述べた。しかし、今ここで予想した巨大噴火についての短期的な噴火予知は、果たして意味があるのだろうか？　よしんば数年前に前兆と思しき現象を捉えられたとして、その公表はいかなる事態を引き起こすのであろうか？　また長期的な予測は可能であろうか？　残念ながら、前兆現象を現在の観測体制で検知できるとは思えない。なぜならば、巨大噴火を起こすマグマ溜のスケールが、現在の噴火観測の規模に比べて圧倒的に大きいのである。図4－10に想見したような庬大な量のマグマが地殻内で発生し噴火に至るプロセスを、しかと確かめる基礎的研究と並行して、100キロメートル四方、深さ数十キロメートルをカヴァーするような観測体制を整備しなければならないであろう。

縦い前兆現象を検知できたとして、そして噴出されるマグマの量をある程度予測できたとして、その時に私たちが取るべき方策は何か？　何せ、巨大噴火の被害は空前絶後、前代未聞。私たちの想像を遥かに超えるものであることは確実なのである（図4－9）。先にこのような巨大噴火が発生する確率を、今後100年について求めた。100年――。これは十分長い期間ではない。これほどの辛苦に対する心構えを持ち、その対策を講じるにはあまりにも短い時間と言うべきであろう。

日本神話と列島の変動

いやしくもサイエンティストである私が「神話」などと言うと、これまで論理的に述べてきた事柄までもが胡散臭く思えるかもしれない。それにもかかわらず敢えてここで日本神話の話をしようとするのには正当な理由がある。それは、神話には古代日本人が経験した数々の自然現象、特に日本列島に特有の地震・火山現象が物語として記述されているからである。したがって日本神話を紐解くことで、これから私たちが日本列島のもたらす試練に対していかに向き合えばよいのか、何らかのヒントを与えてくれると期待するのである。

しかし無念ながら、今の私には自ら神話を読み解き、その記述と地震・火山現象を対応させて検討する能力はない。それ故ここでは、先人、特に次田真幸（『古事記　全訳注』講談社学術文庫）、保立道久（『かぐや姫と王権神話』洋泉社歴史新書y）、桜井貴子（「『記紀』から推測した弥生期の由布および九重火山の活動」「歴史地震」第23号）各氏の論にしたがって記述することを堪忍いただきたい。

また寺田寅彦が「日本のような多彩にして変幻きわまりなき自然を持つ国で八百万の神々が生まれ崇拝され続けて来たのは当然のことであろう」と述べているように、「自然」という抽象的な語彙を明治になるまで持たなかった日本人は、自然現象を神々の行いと捉えていたようである。したがって私の興味も、地震・火山現象を叙述したと思われる神の振る舞いへ向かうこととなる。

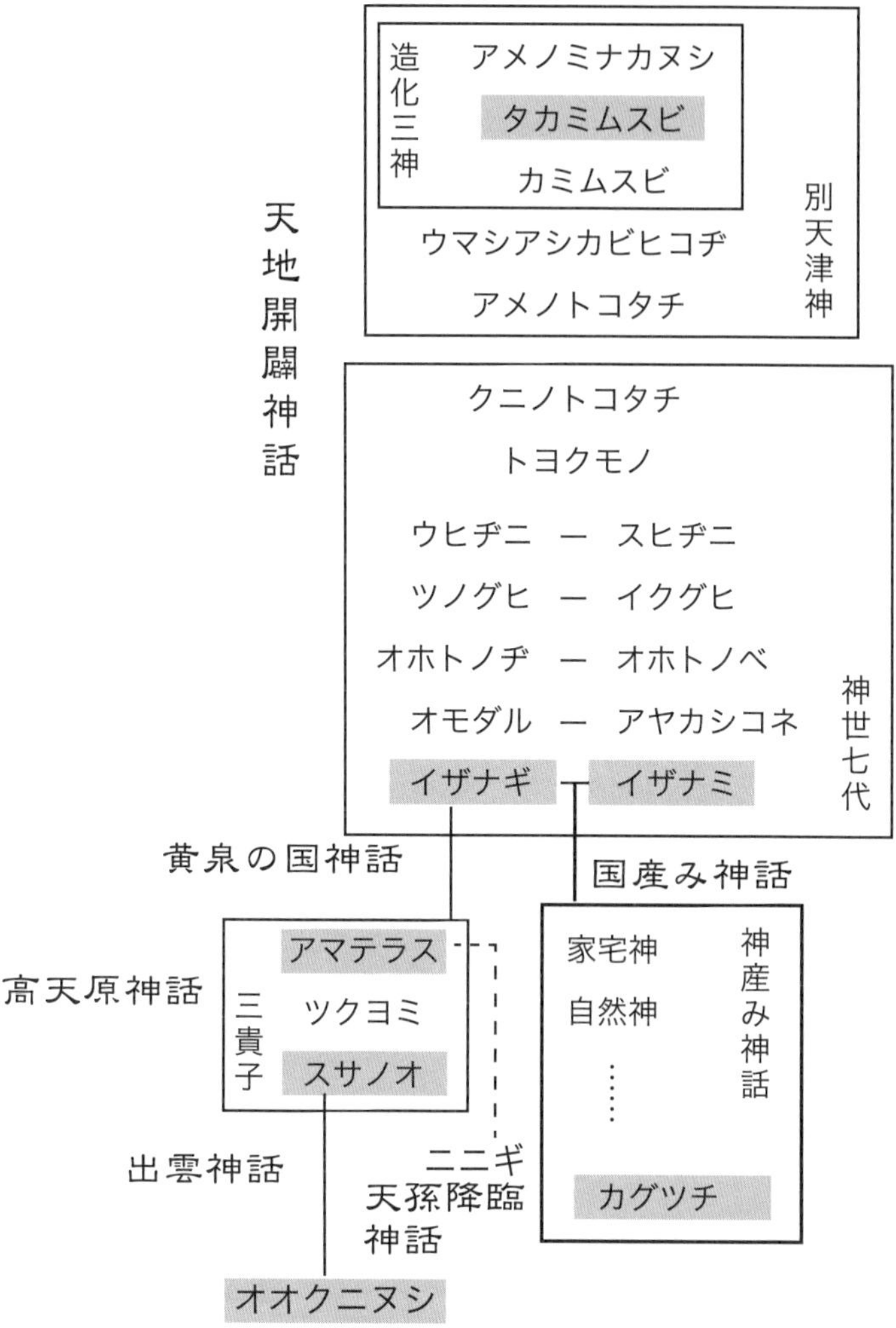

図4-11　日本神話に登場する火山神と地震神

日本神話の多くは、8世紀前半に成立した記紀（『古事記』『日本書紀』）に記述されているものである。その中でも特に日本列島の成立、自然現象の記述が豊富な『古事記』上巻のストーリーの流れは、次のようなものである。天地の初めを「天地開闢《かいびゃく》」で語り、「国産み（島産み）」で列島形成論を展開し、さらに自然現象や建物を表現する神々を創造する「神産み」へと続く。神産みによって亡くなったイザナミが暮らす死者の世界「黄泉の国」での出来事の記述の後、日本神話の白眉とも言うべき「高天原神話」「出雲神話」そして、葦原中国《あしはらのなかつくに》つまり日本の統治を記す「天孫降臨」と展開する（図4－11）。

地球科学を生業とする者としてまず面白いのが、別天津神《ことあまつがみ》の命により、イザナギ・イザナミが天沼矛《あめのぬぼこ》で混沌とした大地をかき混ぜて大八島（日本列島）を創り出す国産みである。この設定は、洋の東西を問わず新たな社会（世界）の誕生を天誅としての大洪水に求める傾向があるのとは際立った違いである。日本人は古来より、火山の活動により海底から新たな大地が誕生することを心得ていたと思えてくる。本書では詳しく紹介できなかったが、そもそも大陸は大洋の真ん中にある沈み込み帯（海洋島弧）のマグマ活動によって誕生するものである。私はこの自説を、あたかも禅問答のように「海の中で陸が誕生する」と表現するが、二柱神の国産みはまさにこれに当たるのである。

日本神話の中で、誰もが認める火山神は「カグツチ」であろう。カグとは「燿《かが》やく」こと、つまり火に通じる語であり、日本神話の中でしばしば天地の中心的存在として登場する「天香久山《あまのかぐやま》」や、保立が「火山の女神」とする「かぐや姫」のカグと共通の用法である。ちなみに天香久山は大和三山の1つであるが、他の二山（畝傍山《うねびやま》・耳成山《みみなしやま》）が約1400万年前の火山であるのに対して、地質学的には唯一火山とは無縁の成り立ちである。

さてカグツチの誕生と死は壮絶である。火の神を出産したことでイザナミの「みほと」は焼けただれ病に臥せる。みほとのホトは、熱《ほとぼ》りであり女陰や山の窪地（火口）を表す。イザナミは苦しみながらもなお、嘔吐物、大便、尿から神を生み続けるが、遂に死に至るのである。連れ合いを失って激高したイザナギはカグツチを斬り殺す。そのとき飛び散ったカグツチの血からも神々が生まれたという。火の神の出産が火山活動を、「ほと」がその火口を表すことは明瞭である。桜井は、これら一連の記述が2200年前の由布岳の火山活動、つまり溶岩ドームの形成（カグツチの誕生）、火砕流・火山弾・溶岩流・熱水の放出（イザナミの嘔吐物・排泄物）、大規模な山体崩壊（イザナミの死）と対応すると言う。

イザナミの死後、イザナギの左目から誕生したのが太陽神「アマテラス」である。彼女は弟スサノオの蛮行に怒り天岩戸に閉じこもり、高天原も葦原中国も闇に包まれる。いわゆる「岩戸隠れ」の神話である。この暗闇は日食だと解釈されることも多いが、闇が長期間継続し、それに伴い飢饉も起こったらしいことを考慮すると、むしろ桜井の主張通り、先の由布・九重の活発な火山活動による降灰現象をモチーフにしたとする方が納得できる。

三貴子の一人スサノオは「海の神・嵐の神」ではあるが多様な人格を持つ。よく指摘されるのが火山神としての側面である。数々の粗暴なふるまいのせいで高天原を追われたスサノオは出雲へと下る。そこでヤマタノオロチを退治し、生贄となりかけたクシナダヒメを救うのである。寅彦を始めとして、鬼燈《ほおずき》の如く赤い目、8つに分かれた頭や尻尾、血でただれた腹を持つヤマタノオロチを溶岩流と考える先人は多いようである。さらにスサノオは地震神の性質も併せ持つ。高天原へ駆け上がる時には、山川が動き地面が震動したという。また、9世紀の貞観時代には日本列島を数々の地震（貞観東北沖巨大地震、京都群発地震、兵庫県山崎断層地震など）が襲った。これらを引き起こした疫病神（牛頭天王《ごずてんのう》）を鎮魂の目的で山崎断層近くの広峰神社から京都へ呼び寄せ、かの祇園御霊会（祇園祭）が始まった。ここで注目すべきことは、広峰神社がスサに通じる曽左に位置すること、その前身はスサノオを祀る神社であったこと、近傍の書写山の名は「スサ」山のあて字であることなどである。これらのことから、疫病神牛頭天王は地震神スサノオであるとの解釈が成り立つ。

もう一人、馴染の神がいる。後に大黒さまとしても知られるようになるオオクニヌシである。スサノオの直系であるオオクニヌシは、道後温泉、箱根温泉、玉造温泉などの開祖、つまり温泉神の性格を持ち、因幡の白兎伝説にもあるように治病神でもある。一方で、彼は年若の頃「オオアナムチ」と呼ばれ、その名は、『続日本紀』に764年の麑嶋（鹿児島）海底噴火の神として登場する。

『古事記』の天地開闢の折に造化三神の一人として登場する「タカミムスビ」は、一般には高木を神格化したものと考えられているが、保立は火山神としての性格を強調する。タカミムスビと関連して頻繁に用いられる「磐石飛び乱る」という表現が噴火に伴う火山弾の噴出と落下をイメージするものであること、天孫降臨の主催神としてニニギを降り立たせたのが活火山である高千穂山であることなどが根拠である。さらにタカミムスビは天地鎔造の中心人物、鍛冶神でもあった。ローマ神話での火の神、鍛冶の神「ヴァルカン」の名は、ヴォルケーノ（火山）と同源であることと関連して興味深い。

さて記紀、特に『日本書紀』には地震を記述した箇所も多い。当時は地震を「なゐふるふ」と読んだそうである。ナは土地、ヰは居、フルフは震うで、地盤の震えを意味する。日本最古の地震記録は、『日本書紀』にある416年の大和河内地震であるが、地震の詳細は不明である。599年には畿内一円で地震が発生し、多くの建築物が倒壊・破損した記述があり、奈良県を震源とするM7クラスの地震であったとされている。この時には「地震神」を祀るように指令が諸国に向けて発せられたのである。679年の筑紫地震については、地震そのものの他に地殻変動や災害に関しても具体的な記述が見られる。地震や地割れにより多くの家屋が倒壊し、さらに、丘の上にあった家屋が地滑りによって流されたが家そのものは全く無事であったことも記されている。そして684年には、記録に残る最古の巨大地震、白鳳地震が起きた。広い範囲で山が崩れ、河が湧き（液状化現象か？）、諸国で建物、家屋、寺社が倒壊して多数の死傷者がでた。また、道後温泉や白浜温泉では温泉湧出が停止した。津波の襲来もあり、特に土佐では多数の船が流失し田畑が水没した。この地震は、その範囲や被害状況からM8・4の南海・東南海・東海連動型巨大地震であったと考えられている。また地震発生当日の夕刻には、伊豆諸島で噴火が起こったのである。同様の、南海トラフ巨大海溝型地震と富士山などの伊豆半島－本州衝突帯における噴火活動との連動は、887年仁和地震、1707年宝永地震でも発現している。

ここで興味深いことは、古代日本人が火山噴火については具体的に多くの神を特定した上でその振る舞いとして認識していたのに対して、地震については、スサノオを除けば「なゐの神」として地震そのものを神格化していたことである。このことは、当時のコミュニティーが九州から瀬戸内、畿内を中心に発達しており、海溝型巨大地震に比べて九州〜山陰にかけての「西日本火山帯」の活動をより現実的に捉えた可能性がある。また、地震活動とは異なり、特定の火山に対して噴火などの火山活動の様相を目視・実感することで、八百万の神と同様、1つ1つの火山に神を想定することが容易であったのかもしれない。

いずれにせよ古代日本人は日本列島の変動を身近な現象としてとらえ、極めて人間味あふれる神の振る舞いと考えていた。そこには絶対的な神は存在しないのである。

新しい自然観の創出

ここ一両日（2012年3月31日〜4月1日）、新聞やWebニュース上で、「首都圏直下型地震、震度7〜6広範囲」「南海トラフ地震予測、10県で震度7津波最大34メートル」などという報道が駆け巡った。文部科学省や内閣府のプロジェクトチームが、東北地方太平洋沖地震の経験を踏まえてこれまでの予測を改訂したものである。以前からの見積もりと比べて首都圏、東海から四国までの広い範囲で予想震度が高くなった。被害予想の詳細や試算は報告されていないが、震度を高く予想しているのであるから、以前の被害想定を下回ることは決してない。つまり首都圏地震に関しては東京湾北部直下でM７クラスの地震が発生した場合、最低でも死者1万1０００人、焼失家屋85万棟、直接的な被害額１１２兆円（国家予算の倍以上）である。もちろん首都圏だけではない。ここではもう具体的に記述することはしないが、南海トラフ海溝型巨大地震では、静岡、浜松、中京、京阪神の４つの１００万人都市圏で甚大な被害と多大な喪失が起きる。首都圏及びこれほどの都市圏の機能麻痺が、一体どんな事態を引き起こすというのか！　１８５４年安政南海トラフ連動型地震、１８５５年安政江戸地震（1万人が死亡）という２つの巨大地震が、江戸から明治への革命の直接的な要因の１つであったことを想起させる。

地震と同様に火山噴火、なかんずく巨大噴火のことも考え合わせねばならないことを読者諸氏はもはや承知のはずである。何せ超巨大噴火では日本の人口の１割以上ものいのちが一瞬にして失われ、ほぼ全国的に都市機能は喪失する。そして幸運にも生き延びた人たちも食料と水に窮乏する。こんな壊滅的状況の後も日本という国が存続し、日本人が日本列島に暮らし続けることは相当に困難なことである。

変動帯日本列島を近い将来必ず襲う海溝型巨大地震と内陸域直下型地震、それに巨大噴火。これらに対して政府に動きがない訳ではない。「東日本大震災における政府の対応を検証し、同大震災の教訓の総括を行うとともに、首都直下地震や東海・東南海・南海地震、火山噴火などの大規模災害や頻発する豪雨災害に備え、防災対策の充実・強化を図る」ための調査審議を行う会議を２０１１年に立ちあげ、１年で最終報告を出すという。結構なことである。しかし一方で、中間報告の要旨に現れる「『ゆるぎない日本』の再構築をめざして」というフレイズに空虚な響きをすら感じるのは私だけではあるまい。報告書の性格かもしれぬが中間報告からは「凄烈なまでの危機感」が伝わってくるとは言えず、このような報告に基づいて政府が「有効かつ緊急な対策」を講ずる可能性が極めて低いことを私たち国民は既に知ってしまっている。しかしこれは寅彦に言わせれば「人間界の法則」であり政治や行政の本質はそう簡単に変わるものではない。それにもかかわらずこの点ばかりを責め立てることこそが使命であると勘違いし、さも賢者の如く抽象的に評論するだけのマスコミにも期待はできまい。よく虚無的に指摘されることであるが、政治・行政・マスコミを動かす人々の知的レベルは、国民のそれに比例すると考える。国やマスコミに期待しても空しいだけである。まず私たち自身が今日本列島の置かれている状況を認識し、冷静な焦燥と危機感を持つことこそが大切である。

日本列島からの無慈悲なまでの試練が目睫の間に迫る今、私たちはどのように暮らし何をすべきなのか？　このことを考えるにあたり、日本人の自然との関わり方の特徴、自然観の特質を少し眺めておくのがよさそうである。自然科学を生業とするにもかかわらず、恥ずかしながら私が最近になって初めて知ったことがある。

古来より日本では「自然」は専ら「じねん」つまり自ずからそうなっている様を示す語彙であり、森羅万象を総体的にとらえる抽象語としての nature に相当するものではなかったとのことである。初めて明瞭に後者の概念を示したのは江戸時代中期の「忘れられた思想家」と言われる安藤昌益で、一般的となったのは西洋文化が急激に浸透しつつあった明治中期から後期である。

寅彦をはじめ多くの人たちが指摘するのが、古来日本人は人間と自然の間、さらには神との間にも明瞭な境界をもたないことである。神も人間と同様に自然と一体化した存在であり、さらに八百万の神が誕生したのも変動帯日本の多様な自然がもたらした結果と言える。先の日本神話の神でも紹介したように、古代日本の神々は自然そのものであり、荒魂《あらたま》と和魂《にきたま》の両面を併せ持つ畏敬の対象である。西洋でも例えばギリシャ神話に見られるように、元々は日本と同様に神・自然・人間は曖昧な関係であったと思われる。しかし、自然の創造主としての絶対神を擁する原理主義的なキリスト教社会が西洋を席巻すると状況は一変してしまった。そして遂に中世には、人間は神のために存在し自然は人間のために存在するという「自然支配型」「自然搾取型」の自然観が確立したのである。

一方ユーラシア大陸の東縁に位置する変動帯に暮らす人々の間に発現したアニミズムは排他的な宗教に駆逐されることはなかった。むしろ元来自然と融合する傾向の強い道教や、誕生の地では喪失したにもかかわらず習合という形で存続と発展を続けた仏教と融合することで、さらに個性的な進化を経てわが国特有の自然観や感性を育んできたのである。その代表的なものが、「ともいき（共生）」の感性である。この概念は「自然との共生」を図り、地球環境・生態系を保全し地球にやさしいエコな生活を行うなどという流行のものとは決定的に異質なものである。なぜならば後者は、自然と人間の関係が片利片害型（寄生虫型）共生であることを容認し支配者としての人間が自然を保全する義務を負うという典型的な西洋型自然観に基づくものだからである。

つまり日本的共生とは、「勿体ない」「思い遣り」などという言葉でも表現される、畏敬の念を伴う自然との一体感なのである。

誤解を防ぐために述べておかねばならないことがある。私は決してここで、日本人が古来育んできた自然との一体感を再構築することの必要性を説いているのではない。このこと自体はこれまでも先人たちによって繰り返し唱導されてきたことでもあり、もはや自明のことであろう。

私がここで強調しておきたいことは、今私たちの目前に迫り来るのは、これまで日本人、否人類が一度も遭遇したことがない未曾有の試練だということである。それは巨大噴火であり、著しく人口と機能が集中した都市を襲う地震・津波である。これらは未経験であるが故に、たとえ私たちが本来的な自然との共生を自覚して対応したところで、それだけでは克服できないものであるとしてもはなはだしい誤謬ではない。さりとて変動帯に生まれしことを呪詛し、防ぎようなき事態に畏怖嫌厭の情のみを募らせ刹那的に振る舞うのはいかにも見識なき愚行である。変動帯に生きる日本人そのものとその精神社会および国家の存続には、古来の捉え方を超える自然観、むしろ「覚悟」とでも呼ぶべき観念を基礎とした立ち振る舞いが必要であろう。実現可能な対応の1つが人口・機能の分散であることは既に述べたことである。具体的な対策を講ずる、もしくはそのような方向に社会を動かすためにも、まず地球の至極当然の営みとしての列島における変動現象、その荒魂と和魂としての側面、それに不可避かつ前代未聞の試練の存在を脳裏に深く刻んでいただきたい。

三陸沿岸には、過去に何度も襲来した津波の記憶と教訓が数多くの石碑として残されている。中には「高き住居は児孫の和楽、想へ惨禍の大津浪、此処より下に家を建てるな」と記すものもあり、この地区では教えを遵守して3・11の惨劇から免れることができた。しかし多くの地域では先人の想いは伝わらなかった。

このようなことは、何も東北の人たちだけの特性ではない。南海トラフ海溝型巨大地震の津波を幾度となく経験してきた西日本の人たちも同様である。まるで、幾度試練に見舞われても海岸沿いに貝塚を作り続け、豊かな水と森を恵む火山の麓を離れなかった古代日本人からの伝統の如き行動である。

先にも述べたように、東日本大震災の教訓を活かすべく、政府、行政の中にも地震被害の想定を見直す動きも出てきた。先日（2012年4月18日）には、東京都も首都直下型地震の被害想定を刷新した。従来の1・5倍の被害を想定している。しかしながら、私たちの危機感は長続きしないものである。

自分だけは大丈夫。今日と同じく明日も平穏無事であるに違いない。「正常化バイアス」と呼ばれるこの心理は、危機的状況下においても現状を過小評価することでストレスを回避して正常性を保とうとするものである。これに「多数派同調バイアス」が重なるために、幻想が悲劇を増大させる。これらは何も専ら日本人ばかりが陥る偏見ではない。一方で自然との一体感を有しながら暮らしてきた私たちには、自然に対する畏怖の念と同時に盲目的な信頼感・信仰心を抱く傾向があるのかもしれない。

しかし、もうそんな分析をしている段階ではない。首都圏直下型地震の災害予想CGや、九州南部での巨大噴火を想定した石黒耀氏の小説『死都日本』（講談社文庫、2008年）に怯えながらも、どこかよそごとのように振る舞っている場合ではないのである。

変動帯日本列島は、地球の進化の当然の営みとして確実に試練を我々に与える。しかもこれから私たちが受けようとしているのは、これまで無意識に記憶から削除しようとしてきた数々の試練を遥かに凌ぐ前古未曾有の規模のものなのである。そして遺憾にも私たちはこの試練から逃れることはできない。日本人とその文化にとって危急存亡の秋《とき》と言っても過言ではない。しかし自然はこんなことには全く以て無頓着である。変動帯に暮らす民はもう「覚悟する」より他ないのである。

覚悟とは諦念ではあるが、決して拱手傍観ではない。五木寛之氏は『人間の覚悟』（新潮新書）で言う。

いよいよこの辺で覚悟するしかないな、と諦める覚悟がさだまってきたのである。「諦める」というのは、投げ出すことではないと私は考える。「諦める」は、「明らかに究める」ことだ。はっきりと現実を見すえる。期待感や不安などに目をくもらせることなく、事実を真正面から受け止めることである。

五木氏と比べると、私の言う覚悟はもう少しだけポジティヴであり、それは行動を伴う。

縦い試練による甚大な被害は避けられないとしても、なるたけそれを軽減する策を強《したた》かに講じるべきである。このような事態に当たり、政府国家はあまりにも大きな責任に途方に暮れて何もできないことは既に承知である。只々国を頼ることはもはや頓馬である。短絡的な責任追及を自らの使命だと勘違いしたままのマスコミ、彼らにオピニオンリーダーとして自覚を期待することはいまや不毛かつ空疎である。まず私たちが覚悟を持ち、その上で共に生きゆく術を探すこと、そしてその想いを分かち合うことが大切である。これこそが喪失する運命にある日本を救うかもしれない唯一の道である。

次の世代に日本列島は試練とともに数々の恵みをもたらすこと、そしてそんな列島と日本人は古来よりつき合ってきたことを伝えることも私たちのなすべきことである。今の世代よりも私たちの子々孫々の方が巨大噴火や大震災を経験する可能性は高いのである。

人事を尽くして天命を待つ。このいさぎよい覚悟を持ちたいものである。
漱石流に言えば、則天去私。この心境で自然と一体となって暮らしたいものである。
大伴旅人は、うつろいゆくものへの寂しさを、いとおしさも込めて詠った。

世の中は空しきものと知る時し　いよよますますかなしかりけり

この情感こそが、列島に生きる日本人の伝統的な心情だと思う。

私には、この国の社会や経済がいかに危機的状況にあるのかを論ずることはできない。しかし、地球変動の歴史やそのメカニズムを調べる者として、私たち日本人が地獄の入り口に立っていることは確信している。しかもその扉は、もう何時開いてもおかしくはない。更に言うならば、豊かさという語彙が持つ本来の意味を忘れ去りつつある私たち自身が、地獄の悍《おぞ》ましさを増大させているのである。

読者諸氏が変動帯日本列島に覚悟を持って暮らして行く上で、本書が役立つことを願って止まない。

今泉正俊さんには本書の執筆を勧めていただき、また内容や文章についてもたくさん助けていただきました。ありがとうございました。またつれあいの桂ちゃんには、原稿に対して、決して地球のことに詳しい訳ではない一般読者の代表のようなコメントや疑問をいただき、いつもながら自らの至らなさを痛感しました。感謝しています。

二〇一二年、夏

神戸にて　著者

新潮選書

地震《じしん》と噴火《ふんか》は必《かなら》ず起《お》こる——大変動列島《だいへんどうれっとう》に住《す》むということ

著　者………………巽《たつみ》　好幸《よしゆき》

発　行………………2012年8月25日

発行者………………佐藤隆信
発行所………………株式会社新潮社
〒162-8711 東京都新宿区矢来町71
電話　編集部 03-3266-5411
読者係 03-3266-5111
http://www.shinchosha.co.jp
印刷所………………錦明印刷株式会社
製本所………………株式会社大進堂

乱丁・落丁本は、ご面倒ですが小社読者係宛お送り下さい。送料小社負担にてお取替えいたします。
価格はカバーに表示してあります。

ISBN978-4-10-603715-3 C0344